柑

TUSHUO JINGAN
YOUZHI GAOXIAO ZAIPEI JISHU

图说 金柑

优质高效栽培技术

区善汉 廖奎富 刘冰浩 徐粹明 / 编著

中国农业出版社
北京

内容提要

　　本书由广西特色作物研究院区善汉研究员等编著。针对金柑主栽品种少，异常天气条件下第一、二批花坐果率低，果实大小不一，单产不高及果实成熟期间因低温霜冻、冰冻或降雨导致裂果、烂果、落果等问题，以高产、优质、高效为目标，介绍了金柑主栽品种、新品种、果园规划与建园、幼树管理、结果树管理、大果栽培、避雨避寒栽培、主要病虫害防控等知识、技术及最近的研究成果。该书内容丰富，图文并茂，语言通俗易懂，介绍的技术实用性和可操作性强，适合广大柑橘产业技术人员、种植者、农业院校园林专业师生等阅读参考。

本书编著与出版支撑项目与平台

1.国家星火计划项目"金柑避雨避寒高效栽培技术示范推广"

2.广西科技攻关项目"柑橘安全优质高效栽培技术集成研究与示范"

3.广西柑橘创新团队栽培功能岗位（2012—2020）

4.广西重点研发计划项目"早晚熟优质金柑新品种的选育研究与示范"

5.广西柑橘育种与栽培工程技术研究中心

6.广西桂北特色经济作物种质创新与利用重点实验室

金柑俗称金橘，原产于中国，已有1700多年的栽培历史。目前，主产区主要有广西、湖南、江西和福建等地，但规模产区仅限广西阳朔、融安和福建尤溪。

金柑一年开花3～4次，容易成花，每年产量有保证，果实椭圆形或卵状椭圆形，果皮橙黄色或金黄色，有光泽。果皮甘甜，果肉酸甜适口，果皮、果肉同食，可食率极高。由于金柑产地、产量有限，在柑橘产业中的占比极低，并且高抗溃疡病、耐衰退病，管理难度与风险相对较低，近20年来，随着避雨避寒栽培技术的推广普及，果品销售压力得到释放，经济效益持续向好，适当规模发展金柑产业前景看好。

金柑果实营养丰富，除含有糖、酸、氨基酸、矿物质、维生素和类胡萝卜素外，还含有萜烯类、醛酮类、醇类、酯类、柠檬苦素等药用成分，适当生食具有润肺、理气、化痰、止咳、健胃、消食等保健作用。因此，一直以来，金柑深受消费者的喜爱，特别是脆蜜金柑上市以来，因其高糖低酸、风味浓，无麻味、呛味而更受消费者的青睐。

金柑栽培历史悠久，分布范围较广，但栽培面积不大，果实品质优良，自采用避雨避寒栽培技术以来，鲜果销售价格持续稳定，从历史总体情况来看是柑橘家族中产量最有保障、价格波动最小、经济效益最稳定、柑橘黄龙病发病率较低的种类，多年来一直是广西阳朔、融安广大果农的支柱产业。

然而，我国金柑产业一直存在主栽品种较单一、建园质量低、缺乏无病苗木、果园基础设施不配套、异常天气条件下保果技术不过关、果实大小差异大、整齐度与大果比例低、品质良莠不齐、采果成本高以及植物生长调节剂与农药使用不当导致果实畸形、落叶、树势衰退等问题，这些问题在一定程度上影响着金柑产量、果实品质、经济效益、食用安全、品牌建设与产业的可持续发展。

为了更好地了解新品种的特性，进一步提高金柑优质高效栽培技术水平，有针对性地解决产业存在的问题，笔者在总结科研成果与生产实践经验的基础上编写了《图说金柑优质高效栽培技术》一书，旨在助力金柑产业的持续高质量发展。

由于各金柑产地气候、土壤等立地条件存在差异，而气候、土壤对金柑生长发育、产量与品质影响很大，所以本书介绍的栽培技术应因地制宜，根据各产地的具体情况灵活运用。在本书的编写过程中，笔者参考了部分同行的文献资料，得到了有关同行的大力支持，在此表示诚挚的感谢。

因笔者水平有限，书中难免存在不足和错误，敬请广大读者提出宝贵意见，以便再版时修订完善。

编著者

2024年3月　于桂林

目　录

前言

第一章　金柑栽培概述 ·· 1

一、金柑栽培历史 ·· 1

二、金柑栽培现状 ·· 2

（一）栽培区域 ·· 2

（二）栽培品种与面积 ·· 2

（三）金柑产业的优势 ·· 3

（四）金柑产业存在问题 ·· 4

（五）金柑产业发展展望 ·· 10

（六）金柑产业发展建议 ·· 11

第二章　金柑主栽品种 ·· 15

一、阳朔金柑 ·· 16

（一）来源与分布 ·· 16

（二）主要性状 ·· 17

二、滑皮金柑 ·· 18

（一）来源与分布 ·· 18

（二）主要性状 ·· 19

三、脆蜜金柑 ··· 20

（一）来源与分布 ·· 20

（二）主要性状 ·· 21

四、桂金柑1号 ··· 22

（一）来源与分布 ·· 22

（二）主要性状 ·· 23

五、桂金柑2号 ··· 24

（一）来源与分布 ·· 24

（二）主要性状 ·· 25

六、富圆金柑 ··· 26

（一）来源与分布 ·· 26

（二）主要性状 ·· 27

七、遇龙早金柑（暂名）··· 28

（一）来源与分布 ·· 28

（二）主要性状 ·· 29

八、遇龙晚金柑（暂名）··· 30

（一）来源与分布 ·· 30

（二）主要性状 ·· 31

第三章　建园与种植 ·· 32

一、园地要求 ··· 32

（一）气候条件 ·· 32

（二）地形地势 ·· 33

（三）土壤条件 ·· 33

（四）水源条件 ·· 33

（五）交通条件 ·· 34

二、建园要求 ……………………………………… 34

（一）丘陵坡地建园 ……………………………… 34

（二）水田建园 …………………………………… 34

三、园地规划 ……………………………………… 35

（一）小区规划 …………………………………… 35

（二）道路与建筑物规划 ………………………… 35

（三）水利设施 …………………………………… 36

四、苗木与种植 …………………………………… 37

（一）适宜砧木 …………………………………… 37

（二）苗木质量 …………………………………… 42

（三）种植密度 …………………………………… 42

（四）种植时期 …………………………………… 43

（五）苗木种植方法 ……………………………… 43

第四章　幼树管理 ………………………………… 45

一、土壤管理 ……………………………………… 45

（一）中耕除草与生草栽培 ……………………… 45

（二）合理间作 …………………………………… 46

（三）树盘盖草 …………………………………… 46

二、肥水管理 ……………………………………… 47

（一）施肥原则 …………………………………… 47

（二）土壤施肥 …………………………………… 47

（三）叶面施肥 …………………………………… 49

（四）幼树追肥时期与用量 ……………………… 51

（五）水分管理 …………………………………… 51

（六）水肥一体化灌溉与施肥 …………………… 51

三、树冠管理 ··· 52
（一）适宜的树形 ······································· 52
（二）整形修剪 ··· 53

第五章　结果树的管理 ······························· 58

一、修剪 ··· 58
（一）适时放梢，培养健壮的结果母枝 ··············· 58
（二）合理修剪的重要性与必要性 ··················· 58
（三）修剪要领 ··· 59
二、施肥 ··· 63
（一）土壤施肥 ··· 63
（二）叶面施肥 ··· 65
三、水分管理 ··· 65
（一）安装灌溉设施 ···································· 65
（二）适时控水 ··· 65
（三）防旱排涝 ··· 65
（四）果园生草与树盘覆盖 ··························· 66
四、保花保果 ··· 66
（一）结果习性 ··· 66
（二）生理落果 ··· 68
（三）保花保果技术 ···································· 74
（四）脆蜜金柑保果技术 ····························· 77
五、防裂果 ··· 80
六、金柑大果优质栽培技术 ··························· 80
（一）适度重修剪 ······································· 81
（二）早施春梢萌芽肥 ································· 82
（三）促花壮花 ··· 83

（四）巧用植物生长调节剂 ……………………… 83

（五）重施壮果肥 ………………………………… 84

（六）合理疏果 …………………………………… 84

七、防日灼 ………………………………………… 85

第六章　避雨避寒栽培技术 ……………………… 87

一、避雨避寒栽培的目的 ………………………… 87

二、避雨避寒栽培对树盘土壤相对湿度的影响 …… 90

三、避雨避寒栽培效果 …………………………… 90

（一）保护果实 …………………………………… 91

（二）保持产量 …………………………………… 92

（三）保持或改善果实品质 ……………………… 93

（四）提高鲜果销售价格 ………………………… 98

（五）提高经济效益 ……………………………… 99

四、避雨避寒栽培现状 …………………………… 102

（一）应用区域 …………………………………… 102

（二）应用面积 …………………………………… 102

（三）存在问题 …………………………………… 102

五、避雨避寒栽培技术 …………………………… 104

（一）覆盖薄膜的时期 …………………………… 104

（二）覆盖薄膜前的准备工作 …………………… 104

（三）覆盖薄膜的架式 …………………………… 105

（四）覆盖薄膜的技术 …………………………… 108

六、覆膜期间的管理 ……………………………… 112

七、果实采收时期 ………………………………… 113

八、采果后的管理 ………………………………… 113

（一）及时拆除薄膜或棚架 ……………………… 113

（二）施肥 ……………………………………………………… 114

（三）修剪 ……………………………………………………… 114

（四）冬季或春季清园 ………………………………………… 115

（五）松土 ……………………………………………………… 116

第七章　主要病虫害及其防治 ………………………………… 117

一、主要病害及其防治 ………………………………………… 117

（一）柑橘黄龙病 ……………………………………………… 117

（二）柑橘炭疽病 ……………………………………………… 120

（三）柑橘灰霉病 ……………………………………………… 122

（四）柑橘流胶病 ……………………………………………… 124

（五）柑橘线虫病 ……………………………………………… 126

（六）柑橘黑星病 ……………………………………………… 128

（七）柑橘脚腐病 ……………………………………………… 131

（八）柑橘煤烟病 ……………………………………………… 133

（九）柑橘树脂病 ……………………………………………… 134

（十）柑橘附生性绿球藻 ……………………………………… 135

二、主要虫害及其防治 ………………………………………… 137

（一）柑橘红蜘蛛 ……………………………………………… 137

（二）柑橘锈蜘蛛 ……………………………………………… 139

（三）柑橘花蕾蛆 ……………………………………………… 140

（四）柑橘蓟马 ………………………………………………… 141

（五）柑橘潜叶蛾 ……………………………………………… 143

（六）柑橘木虱 ………………………………………………… 144

（七）蚧类 ……………………………………………………… 146

（八）粉虱类 …………………………………………………… 148

（九）柑橘蚜虫类 ……………………………………………… 150

（十）椿象 ················ 153

（十一）柑橘小实蝇 ··········· 154

（十二）柑橘地粉蚧 ··········· 157

（十三）星天牛 ·············· 160

（十四）象鼻虫 ·············· 161

（十五）鸟害 ··············· 162

附录一 阳朔县金柑结果树周年管理工作历 ·········· 164

附录二 阳朔县脆蜜金柑结果树周年管理工作历 ········ 166

附录三 阳朔县遇龙早金柑结果树周年管理工作历 ······ 168

附录四 阳朔县遇龙晚金柑结果树周年管理工作历 ······ 170

附录五 禁限用农药名录 ················ 172

附录六 农药稀释方法 ················· 174

主要参考文献 ··················· 176

第一章
金柑栽培概述

一、金柑栽培历史

　　金柑（*Fortunella crassifolia*，金弹）俗称金橘，原产中国。中国是金柑属植物的起源中心，长江以南各省份均有金柑的分布。成书于三世纪的《临海水土异物志》《博物志》《广志》等古籍已有金柑果实性状、开花习性以及产区分布等简要记述，说明在1 700多年前我国就有金柑栽培。《临海水土异物志》记载："鸡橘子，大如指，味甘，永宁界中有之。"鸡橘子即金柑，永宁在现今的浙江永嘉县一带。至唐宋时期，金柑栽培已较普遍，据唐代段公路《北户录》记载："南人以蜜渍和皮而食，作琥珀色，滋味绝佳。"宋代韩彦直《橘录》记载："金柑在他柑特小，其大者如钱，小者如龙目，色似金，肌理细莹，圆丹可玩。啖者不削去金衣，若用以渍蜜尤佳。"说明唐宋时就已有金柑蜜饯的制作。欧阳修《归田录》记载："金橘产于江西。以远难致……而金橘香清味美，置之樽俎间，光彩灼烁如金弹丸，诚珍果也。都人初亦不甚贵，其后因温成皇后尤好食之，由是价重京师。"张世南所著《游宦纪闻》记载："金橘产于江西诸郡……年来，商贩小株，才高二、三尺许。一舟可载千百株。其实累累如垂弹，殊可爱。价亦廉，实多根茂者，才直二、三镮。"记述了大批金柑苗木运销情况，可见在宋代江西已经盛产金柑。至明清时期，金柑栽培已经很兴盛，李时珍《本草纲目》记载："金橘生吴粤、江浙、川广间……其树似橘，不甚高大，五月开白花结实，秋冬黄熟，大者径寸，小者如指头，形长而皮坚，肌理细莹……"王象晋《二如亭群芳谱》、陈扶摇《花镜》中均有关于金柑的记载。在福建省有大量的地方县志如《松溪县志》《建宁县志》《尤溪县志》等也有关于金柑的记述。清代中后期，金柑从江西传入广西，栽培区域进一步扩大，广西也成为最年轻的金柑产区，目前是全国最大的金柑产区。

二、金柑栽培现状

（一）栽培区域

从大量古籍记述看，在古代，金柑主要栽培区域为浙江、江西、湖南、福建等地。而现今的金柑产区发生了较大变化，各地金柑栽培此兴彼衰，昔日的主产区现在成为了小产区甚至基本衰落，而一些新兴产区则发展成为主产区。

现在全国主要金柑产区有广西壮族自治区阳朔县、融安县，江西省遂川县，福建省尤溪县、云霄县等，湖南省浏阳市、蓝山县，浙江省宁波市。

（二）栽培品种与面积

金柑有5个种：山金柑、罗浮金柑（金枣）、圆金柑（罗纹金柑）、金弹和长叶金柑。长寿金柑、四季橘为金柑的杂种。目前金柑栽培品种以金弹及金弹变异而来的良种为主。

各地从金弹的实生变异株中选育出的优良品种有阳朔金柑（融安金橘）、脆蜜金柑、桂金柑1号、桂金柑2号、浏阳金柑、遂川金柑、金秋早等。近年广西选育的早、晚熟金柑新品种遇龙早金柑和遇龙晚金柑在熟期、产量与品质方面颇具优势。

据不完全统计，2022年，全国主要金柑产区果园面积约53.6万亩*，产量80.3万吨，其中广西面积约44万亩、产量71.36万吨、产值37.7亿元，主产区阳朔县面积约22.8万亩、产量48万吨，融安县面积20.7万亩、产量19.2万吨；福建尤溪县面积约7万亩；江西遂川县面积约2万亩；湖南浏阳市面积约0.5万亩；浙江宁波市面积0.1万亩。

（三）金柑产业的优势

1.金柑一年多次开花，产量有保证 在正常情况下，柑橘中的柑、橘、橙、柚、杂交柑一年只开花一次，如果无花、花少或保花保果技术不到位，则当年的产量将大幅减少甚至失收。金柑一年可开花3～4次（图1-1），即使第一、二批花坐果差，还可以靠第三、四批花结果。因此，只要正常管理，金柑的花量、产量每年均有保障。

2.金柑病虫相对较轻，种植风险较低 由于生长周期内抽梢次数

图1-1　金柑一年多次开花结果

及夏秋梢数量较少，因此在管理水平相当的条件下，金柑的黄龙病发病率较低。同时，金柑高抗溃疡病，果实成熟期间正处于柑橘小实蝇发生危害的低峰期。因此，种植金柑在病虫防控方面的成本较低、压力较小，出现因柑橘黄龙病和柑橘小实蝇的危害而导致的损失甚至毁园风险较低。

3.金柑保健作用明显 金柑果实除含有糖类、酸类、氨基酸、矿物质、维生素和类胡萝卜素外，还含有萜烯类、醛酮类、醇类、酯类、柠檬苦素等药用成分。金柑生食有理气、调中、解郁、消食、散寒、化痰和醒酒等作用，因此，除作为水果食用外，还可以对胸闷郁结、醉酒口渴、消化不良、食欲不振、咳嗽、哮喘等

---
* 亩为非法定计量单位，1亩≈667米²。——编者注

症起到一定的辅助治疗及保健作用。

4.金柑面积、产量有限，市场前景较广　2022年，国内金柑果园面积约53.6万亩，仅占柑橘类总面积的1.3%左右，产量80.3万吨，而且分布范围有限。因此，相对于其他柑橘特别是大宗品种而言，金柑的市场前景更广。

5.金柑留树保鲜期、销售期长，销售压力较小　自避雨避寒栽培技术应用以来，金柑可留树保鲜至翌年的2—3月（图1-2），

销售期由原来的11—12月延长至11月至翌年3月，留树保鲜期的显著延长，极大地拉长了果实的销售期，缓解甚至完全释放了金柑的销售压力，为产业的可持续发展创造了极为有利的条件。

6.金柑适宜加工，有利于延长产业链，提高果品的附加值　金柑干片、蜜饯的加工工艺非常成熟，技术水平也比较高，多年来金柑小

图1-2　金柑留树保鲜至翌年3月果实完好无损

果一直用于金柑干片、蜜饯等的加工，为小果找到了出路，也提高了小果的附加值。正常情况下，金柑鲜果价格较高，中大果基本用于鲜食，加工的成本过高，仅小果价格低，适用于加工金柑干片、果酒、蜜饯等。在鲜果滞销或价格低的情况下，既可通过避雨避寒栽培，延长采收期，又可将部分中等果用于金柑干片、果酒与蜜饯，特别是金柑干片的加工，从而避免烂市。

（四）金柑产业存在问题

1.缺乏无病苗木　多年以来，金柑苗木主要依靠在果园采穗，缺乏无病母树和采穗圃，各地繁殖和种植的多数不是真正意义上的无病苗木（图1-3）。因此，一旦果品价格严重下跌，果园管理水平下降，柑橘黄龙病等危险性病害就可能暴发，影响产业的安

全与持续发展。

2. 异常天气条件下的保果难题有待破解 金柑花期遇到长期持续阴雨、高温时，落花落果严重（图1-4），坐果率低，严重影响第一、二批花的坐果，导致第一、二批花结果少（图1-5），最终影响果实的大小，大果比例显著下降，价格、效益受到严重影响。同时，脆蜜金柑的保果难度比普通金柑大，坐果率

图1-3　露天繁育的金柑苗木

普遍较低，特别是异常天气条件下的坐果率更低（图1-6），目前的保果技术还没有完全过关，有待进一步试验总结。

图1-4　高温天气导致落果严重

图1-5　高温导致第一、二批花坐果率低，结果少

3. 果实大小不一 金柑成年结果树一年可开3批花结3批果，每批花果的间隔时间在25天左右，以第一、二批花结的果实较大，质量最优，第三、四批花结的果往往偏小，导致同一株树上的果

大小参差不齐（图1-7），严重影响鲜果的商品率和销售价格。技术水平较高的果农，能够较好地提高第一、二批花的数量和坐果率，大果多品质好。不同大小的果实价差很大，单果重20克以上的果实，售价高达10～20元/千克，单果重10克以下的价格仅1～2元/千克。

图1-7　果实大小参差不齐

图1-6　脆蜜金柑坐果率普遍偏低

4.生产成本高　金柑多数种植在山区且果小又容易碰伤，机械设备的应用难度极大，果园施肥、喷药、搭架盖膜、采果等主要靠人力。近年来，果园用工价格快速上涨，导致金柑生产成本快速上升。以采果为例，一般单果重为10～20克，一人采果100～150千克/天，以采果人工200元/天计，采果成本高达1.35～2.0元/千克。

5.提早催熟影响果实质量、销售及品牌　金柑正常成熟期在11月中旬以后，但每年10月下旬，便有客商开始收购，而且价格较好。受高价的诱惑，部分果农想方设法让金柑提早成熟，其中不乏一些果农在果实成熟前喷施乙烯利催熟，使金柑果皮快速褪绿转黄，但此时金柑果实尚未真正成熟，质量与口感均差，上市后在消费者中造成了不良影响。而且，喷施乙烯利也容易造成叶片失去光泽、干枯、落叶、落果（图1-8、图1-9），树势早衰（图1-10），既影响翌年的产量，又影响声誉和品牌。

图1-8　乙烯利药害导致严重落叶

图1-9　乙烯利催熟不当导致严重落叶落果

图1-10　乙烯利药害导致落叶落果，树势早衰

6.市场压力增大　近年来，各类水果产业发展迅速，仅柑橘类水果全国年产量就达到4 000万吨左右，市场上一些质优大宗柑橘类水果如广西沙糖橘、沃柑，福建蜜柚类品种以及四川春见、不知火、爱媛28等杂交柑品种盲目发展，自2017年以来由于面积、产量增长过快过大，叠加2020年以来新冠肺炎疫情的持续影响，大宗水果价格下降明显，某些年份部分产区沙糖橘与沃柑价格甚至降到了成本以下。因为金柑成熟、上市时间与沙糖橘、沃柑等杂柑交叉、重叠，所以沙糖橘、沃柑价格下降及销售压力增大直接或间接影响到金柑的价格与销售，对金柑生产、销售产生了一定的压力，导致金柑价格、经济效益波动加大。

7.新品种选育和推广滞后　金柑与其他柑橘类水果相比，生产规模小，新品种的选育和推广工作未受到应有的重视，各地的主栽品种仍然以金弹为主。尽管近年来选育了脆蜜金柑、桂金柑1号、桂金柑2号等新品种，但部分新品种的推广力度不够大，种植面积尚小，同时优质高产的早熟、特早熟或特晚熟新品种有待加大推广力度。现有品种还无法满足市场需求和产业发展的需要。

8.产业化水平不高 金柑产业缺少大型龙头企业的引领,集约化、产业化水平不高。整个产业经营主体弱小、分散、各自为政、品牌意识不强,导致产品质量参差不齐。产业深加工能力明显不足,没有形成完善的产业链,未能进一步提升金柑附加值。

9.商品化处理水平有待提高 金柑鲜果销售基本仅依据果实的大小进行简单的分选(图1-11)、包装,分级设备不精,挑选分级不严,自动化、标准化、精细化分级少,更没有进一步从果实内部品质上进行分级。同时,简易的分选设备容易造成鲜果碰伤,最终影响果品贮藏、运输及品牌形象,不利于提升果品价值。

图1-11 金柑简易分选机

10.采果方法亟须改变 果农采摘金柑都是用手指捏住金柑果实,通过旋转将果柄扭断,这样采摘下来的金柑果实还带了一截果柄(图1-12),在贮运过程中,果柄容易刺伤果实,造成大量的伤果、烂果(图1-13),给经销商造成了不同程度的损失,这些损失最

图1-12 果实采后留果柄

图1-13 贮运过程中的腐烂果

终转嫁给了生产者和消费者。因此，应提倡果农使用果剪采果，将果柄剪平，以减少伤果、烂果，提高果实的商品率和经济效益。

（五）金柑产业发展展望

1.总面积和产量增长平稳　金柑生产有其特殊的地理条件、气候条件要求，甚至带有一点历史的偶然性。因此，金柑产区在全国呈零星分布。由于金柑生产管理投入劳力多、管理要求精细、优质高产与大果高效栽培门槛较高等，不利于大资本进入，其发展速度与规模远不及沙糖橘、沃柑等品种。全国主要金柑产区经过近20年的快速发展，增长势头明显减弱，浙江、广东产区金柑面积已大幅度减少，江西、湖南、福建的面积增长缓慢，加之其他柑橘优良品种的竞争压力，未来全国金柑栽培面积和产量的增长将呈平稳态势。

2.优质新品种面积逐渐扩大　随着消费不断升级，消费者对优质果品的需求不断增长，市场对优质大果金柑的需求不断增加，优质大果金柑的价格一直居高不下，在全国金柑的主产区阳朔县，优质大果金柑的价格多年保持在14～16元/千克，近年不断有果农砍伐老树或者通过高接，更换优质大果的新品种，其栽培面积逐渐加大。

3.加工能力将逐步提升　金柑是比较适合加工的柑橘品种，因其含有丰富的营养成分，且具有保健功效，逐渐成为加工的理想果品。目前，全国金柑的加工量不到总产量的0.5%，与宽反柑橘5%的加工量相比，具有很大的市场潜力。现在各金柑产区都在扶持加工企业，开展金柑果品的深加工，已经开发的产品有金橘干片（图1-14）、蜜饯、果酒、果酱等，

图1-14　金柑干片

加工量将逐年增加。

（六）金柑产业发展建议

1.培育、种植无病营养杯大苗　由于金柑苗期一般不表现柑橘黄龙病症状，因此，为了避免因引种、苗木和接穗带来柑橘黄龙病等病害，不宜从不明病情的产地购进新品种接穗和苗木。

在新种或补种时种植无病营养杯苗（图1-15），以提高成活率、保证金柑的正常生长结果，延长经济寿命，获得预期的收益。考虑到金柑多数种植在灌溉条件相对较差的山地果园，因此就地建园时最好种植二至三年生的营养杯无病大苗，这样既可减少柑橘黄龙病感染的机会，又方便集中管理，加快形成树冠，提早进入结果期，提前获得效益。

图1-15　营养杯金柑健康苗

当然，大苗不便于远途运输，需要异地远程运输苗木时，可以购买一年生的无病营养杯苗，在果园内集中管理1年后再种植。

2.产业发展重点放在控制规模，由重产量轻质量向提质增效方向转变　近年来，我国柑橘产量特别是广西柑橘产量过大，出现了结构性供过于求的局面。这种局面的出现，根本原因是产业规模过大，单一品种面积与产量增长过大过快。在柑橘产能过剩的背景下，金柑鲜果销售出现了压力，价格波动加大。所以，金柑产业的发展应吸取沙糖橘、沃柑疯狂发展的教训，适当控制规模，不要盲目扩种。同时，未来金柑产业发展的重点应放在提质增效上。一是通过技术攻关，集成创新金柑安全优质高效栽培技术，不断提高栽培技术水平；二是通过建立新品种新技术示范基地，带动果农淘汰落后品种，种植新品种，应用新技术；三是大力开展技术培训，不断提高果农技术水平。最终实现规模有效控制，果品质量明显提升，产业高质量持续发展。

图1-16　遇龙早金柑

3.发展早、晚熟金柑品种　虽然避雨避寒栽培技术解决了金柑裂果问题，延长了金柑留树保鲜时间与销售期，减缓了销售压力，整体提高了金柑产业的经济效益。但多年以来早熟和特晚熟品种价格高、行情好、经济效益显著以及柑橘产能过剩的现实，决定了发展早、晚熟金柑品种十分必要。因此，引进、选育并推广早熟、特早熟（图1-16）、晚熟、特晚熟（图1-17）新品种，丰富金柑品种资源，是金柑产业健康发展的根本保证。

图1-17　遇龙晚金柑

4.合理使用植物生长调节剂 针对部分果农使用乙烯利催熟的现状及由此带来的问题，政府有关部门和科技人员应做好宣传引导及技术培训工作，使果农养成科学使用植物生长调节剂的习惯，杜绝在果实成熟前喷施乙烯利等植物生长调节剂催熟果实的现象。同时，开展脆蜜金柑植物生长调节剂保果技术攻关，攻克噻苯隆保果导致果实畸形（图1-18）难题。

图1-18 噻苯隆使用不当致果实畸形

5.致力于提高大果栽培技术水平 金柑果实大小、价格差异大，同等条件下，果实越大价格越高，效益越好。因此，应致力于提高大果栽培技术水平，力争种出优质大果，卖出好价格，获得好收益。

6.选择门槛较高的优良品种种植 物以稀为贵，金柑品种也如此。种植、管理门槛较高的优良品种对技术、管理的要求虽然较高，但因为管理难度较大、风险相对较高，种植的人也往往相对较少，其预期效益也相对较高。因此，只有善于在生产实践中摸索、钻研栽培技术，集成一套自己独特的技术，最终掌握关键栽培技术，才能种好技术门槛较高又有前途的优良品种。

7.采用植保无人机喷药 多数金柑果园建在坡度较大的山地上，地形复杂，山高路陡，果园交通、灌溉条件较差，而且4—7月正值雨季，规模较大的果园经常遇到喷药时间窗口短，无法及时喷药，严重影响保果及病虫害防控措施的落实，也增加了果园管理的难度与成本。随着植保无人机装备的升级换代及喷药技术的发展，近几年来，无人机喷药在沙糖橘、沃柑、脐橙等产区的应用面积迅速扩大，总体应用效果越来越好，在合理选择药剂、

浓度、剂型（图1-19）、助剂、飞手等的基础上，不管嫩梢还是内膛常见主要病虫的防效均可取得预期效果，既省时省工省水省药，又可保证及时完成喷药。尽管购买无人机的投入较大，目前适合用于飞防的药剂、助剂不多，而且适宜的用药浓度还有待试验总结，浓度在大幅度提高后对环境、果品安全的影响还有待研究，但大果园无人机喷药是必然趋势，金柑果园可以借鉴应用。

图1-19　无人机喷药

目前金柑栽培品种主要有罗纹、罗浮和金弹，其中罗纹和罗浮仅零星栽培，分布最广、栽培最多的是金弹。

金弹也称金柑、长安金橘、融安金橘、龙溪金柑、遂川金柑、上坪金柑等。广西、广东、福建、浙江、江西、湖南的金柑产区均有栽培。

金弹树冠自然圆头形或自然开心形，灌木，枝条细、密生，少刺或无刺。叶片阔披针形或广椭圆形。果实倒卵形或圆球形，单果重11～23克，果皮橙黄或金黄色，光滑，具光泽，果皮较薄；果肉质脆、味甜、品质佳。成熟期11月中旬至12月上旬，通过薄膜覆盖避雨避寒栽培采收期可延长至翌年4月，种子1～9粒。金弹丰产稳产，品质好，是目前市面销售最多的鲜食金柑品种。该品种适应性强，抗寒且高抗溃疡病。

从金弹中选育而来的主栽优良品种有滑皮金柑、脆蜜金柑、富圆金柑、桂金柑1号、桂金柑2号、遇龙早金柑、遇龙晚金柑等。

一、阳朔金柑

（一）来源与分布

阳朔金柑又名金弹、长安金橘、融安金橘等，俗称金橘。最早由江西遂川引进金柑种子，经200多年发展，已成为广西阳朔县、融安县等地的主栽品种之一。

图2-1 阳朔金柑植株

（二）主要性状

树势较强，树冠圆头形，枝条短刺极少。花小，白色，单生或双生，完全花。果实椭圆形或倒卵圆形，顶部圆钝，饱满，柱痕细小，深褐色，周围略凹；果皮橙黄色，光滑，油胞平生或微凸，11月下旬至12月中下旬成熟，单果重15.3～24.2克，果皮厚0.5～0.65厘米，种子2～8粒/果，可溶性固形物含量13%～19.3%，每100毫升果汁含总糖10.5～13.83克、可滴定酸0.42～0.66克、维生素C 26.2～45.1毫克（图2-1、图2-2）。

图2-2　阳朔金柑果实

二、滑皮金柑

(一)来源与分布

由阳朔金柑实生变异选育而来，主要分布在广西融安县及柳州市郊区，湖南、浙江、江西、广东有引种。

图 2-3　滑皮金柑植株

（二）主要性状

树势中庸，枝条具短刺。叶菱状椭圆形，质厚，微向内卷呈船形，长6.3～6.5厘米，宽2.9～3.1厘米，主脉凸起，侧脉模糊，正面绿色，背面淡绿色，近全缘，先端渐尖，基部窄楔，翼叶线状或叶柄与叶身无分离节。花小，白色，单生或双生，完全花。果实椭圆形或近球形，果皮光滑细腻，蜡质层厚，有光泽，油胞点密，味甘香浓甜，11月至12月上旬成熟，单果重15.5～18.8克，最大果可达23.6克。果皮厚0.4厘米，种子0.6～2.3粒/果。可溶性固形物含量18.6%～19.8%，每100毫升果汁含总糖15.5～19.0克、可滴定酸0.1～0.13克、维生素C 21.9～38.2毫克（图2-3、图2-4）。

图2-4　滑皮金柑果实

三、脆蜜金柑

（一）来源与分布

由滑皮金柑芽变选育而来，2014年3月通过广西农作物品种审定委员会审定。主要分布在广西融安县、柳州市郊区、阳朔县和全州县。

图2-5　脆蜜金柑植株

（二）主要性状

树势较旺，树冠圆头形，枝梢粗壮。叶片厚、浓绿、倒卵形，长8.48厘米，宽4.24厘米，叶尖钝尖，叶缘全缘，叶缘波形上卷，叶腋带刺，叶脉突起明显，翼叶、叶柄长。花中等大，完全花，多为有叶花，树势旺时畸形花多。果实椭圆至圆形，果皮光滑，金黄色至橙红色，油胞少而平，果肉浅黄色至黄色，11月下旬至12月中旬成熟，质地爽脆，味浓甜，无刺鼻辛辣味，果汁多，少核或无核，单果重20.5克，最大35.6克。可溶性固形物含量23.65%，每100毫升果汁含总糖16.46克、可滴定酸0.18克、维生素C 44.5毫克，糖酸比91.4（图2-5、图2-6）。

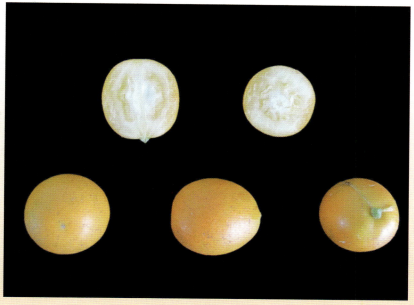

图2-6 脆蜜金柑

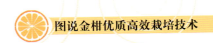

四、桂金柑1号

（一）来源与分布

由阳朔金柑实生变异选育而来，2015年6月通过广西农作物品种审定委员会审定。目前仅在阳朔县零星分布。

图2-7　桂金柑1号植株

（二）主要性状

树势中等，树冠圆头形，枝梢细长而密，有少量短刺。叶片椭圆形，叶尖短尖，叶基广楔形，翼叶线形，叶缘全缘，春梢叶片长7.5～9.4厘米，宽2.8～4.0厘米。花小，白色，单生、双生或簇生，完全花。果实椭圆形，橙黄色，有光泽，味清甜，品质上等，11月上中旬至12月中旬成熟，单果重24.4～32.5克，种子3.4～6.4粒/果，比阳朔金柑早熟10～15天。可食率97.1%～98.1%，可溶性固形物含量12.6%～18.6%，每100毫升果汁含全糖10.25～16.60克、可滴定酸0.23～0.52克、维生素C 28.3～52.96毫克（图2-7、图2-8）。

图2-8 桂金柑1号果实

五、桂金柑2号

(一) 来源与分布

由阳朔金柑实生变异选育而来，2016年8月通过广西农作物品种审定委员会审定。目前，在广西阳朔县零星分布。

图2-9　桂金柑2号植株

（二）主要性状

树势较旺，树冠圆头形，枝条粗壮，稀疏，有少量短刺。叶片卵圆形，叶尖短尖，叶基广楔形，翼叶线形，叶缘全缘。花小，白色，单生、双生或簇生，完全花。果实椭圆形，果顶圆钝，果皮橙红色，光滑，油胞平生，12月中下旬至翌年1月中旬成熟，单果重24.31 ~ 34.05克，种子2.1 ~ 5.5粒/果。可食率97.81% ~ 99.04%，可溶性固形物含量15.2% ~ 19.9%，每100毫升果汁中含总糖12.77 ~ 15.19克、可滴定酸0.23 ~ 0.49克、维生素C 31.97 ~ 54.39毫克（图2-9、图2-10）。

图2-10　桂金柑2号果实

六、富圆金柑

（一）来源与分布

由阳朔金柑芽变选育而来，在广西融安县零星分布。

图2-11　富圆金柑植株

（二）主要性状

树势旺，树冠圆头形，枝梢浓绿。叶卵圆形，叶尖钝尖，有凹口，叶波浪大，叶基楔形，无翼叶，叶面浓绿色，叶背浅绿色。花中等大，完全花，易球状结果。果实圆形，果皮光滑，黄色至橙红色，油胞少而平，果肉浅黄色至黄色，11月中旬成熟，质地爽脆，味甜，无刺鼻辛辣味，果汁多，少核，平均单果重15.6克，最大18.2克。可溶性固形物含量21%～25%，每100毫升果汁含总糖16.5克、可滴定酸0.18克、维生素C 44.5毫克（图2-11、图2-12）。

图2-12　富圆金柑果实

七、遇龙早金柑（暂名）

（一）来源与分布

由阳朔金柑自然芽变选育而来，目前在广西阳朔县零星分布。

图2-13　遇龙早金柑植株

（二）主要性状

树势中等，树姿开张，树冠自然圆头形。春梢无刺或极少、节间短，叶小互生，叶片阔披针形，无叶翼，叶缘全缘，叶面浅绿有光泽，叶尖渐尖无缺刻。花小，完全花，单生或双生。果实卵圆形或半椭圆形，果顶平、钝圆、微凹，中心柱明显、深褐色，在阳朔县9月下旬至10月中旬成熟，果皮黄色至橙黄色，光滑，油胞明显，平生或微凸，单果重9.11～18.66克，种子2.1～5.0粒/果。可食率97.3%～98.11%，果汁率50.02%～79.1%，可溶性固形物含量9.6%～14.5%，每100毫升果汁含全糖7.9～16.62克、可滴定酸0.26～1.58克、维生素C 12.56～62.7毫克（图2-13、图2-14）。

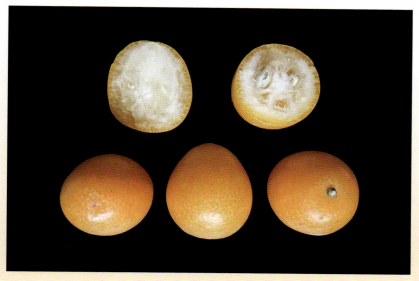

图2-14　遇龙早金柑果实

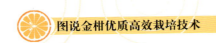

八、遇龙晚金柑（暂名）

（一）来源与分布

由阳朔金柑自然芽变选育而来，目前主要分布在广西阳朔县金宝、白沙、葡萄等乡镇。

图2-15 遇龙晚金柑植株

（二）主要性状

树姿开张，树势健壮，树冠圆头形。春梢长、无刺或极少、节间长、易披垂；叶小互生，叶片阔披针形，无叶翼，叶缘全缘，叶面浅绿有光泽，叶尖渐尖无缺刻。花小，完全花，单生或双生，花瓣白色。果实长椭圆形或长卵圆形，果皮黄色、橙黄色或橙红色，光滑，油胞明显，平生或微凸，果顶平、近圆形、饱满，中心柱褐色或白色，周围微凹，果蒂圆形，两侧不对称，中间微凹，果实翌年2月上旬至3月中旬成熟，单果重17.78～27.82克，种子2.0～5.0粒/果。可食率98.11%～98.74%，果汁率51.23%～64.02%，可溶性固形物含量15.4%～19.7%，每100毫升果汁含总糖12.62～14.45克、可滴定酸0.38～0.67克、维生素C 25.5～46.5毫克（图2-15、图2-16）。

图2-16　遇龙晚金柑果实

第三章
建园与种植

一、园地要求

园地要求包括园地所在地的气候、地形地势、土壤、灌溉水、交通条件等。

（一）气候条件

在广西全境都可以种植金柑，但不同产地的成熟期和果实品质存在差异。根据《广西柑橘产业发展规划》（2006—2015），在广西，年平均气温17～22℃、≥10℃的年有效积温5 000～7 000℃、1月平均气温5～18℃、绝对最低温度≥−6.5℃的地方均可种植金柑，但以年均气温19～22℃、≥10℃年有效积温6 000～7 000℃、1月平均气温8～18℃、绝对最低气温≥−4℃最适宜（表3-1）。虽然广西绝大部分地方都可种植，但不同产地的气候条件不同，物候期、果实品质均存在差异。因此，在发展金柑时，必须充分考虑到各地气候条件的差异。

表3-1　广西金柑生态区域划分温度指标（℃）

种类名称	生态区域	年平均气温	≥10℃年积温	1月平均气温	极端低温历年平均值
金柑	最适宜区	>19～22	>6 000～7 000	>8～18	>−4

（续）

种类名称 生态区域	年平均气温	≥10℃年积温	1月平均气温	极端低温历年平均值
适宜区	>18~19	>5 500~6 000	>7~8	>-5.5~-4
次适宜区	>17~18	>5 000~5 500	5~7	-6.5~-5.5

（二）地形地势

山坡地、平旱地、水田均可种植，但坡度15°以上的坡地，在建园时宜修筑水平梯地或修筑直径0.6米左右的平坦树盘，以利于水土保持，方便田间管理。在水田建园，宜起畦种植，以免积水造成烂根，影响植株生长。

（三）土壤条件

果园宜选择土壤质地良好，红壤、黄壤、沙壤土、冲积土或水稻土均可，土壤疏松肥沃，有机质含量在1.5%以上，排水良好，地下水位1.0米以下，土层深厚，活土层1米以上，pH 5.5~6.5。

（四）水源条件

在旱地种植，果园宜选择在河流、水库、山塘等水源附近，或在地下水丰富的地方建园，以满足灌溉、施肥、喷药所需水源条件；水田建园宜选择在旱季能灌雨季能排水处并起畦种植（图3-1），不能在无法排水的低洼处建园，以免果园长时间积水导致烂根、叶片枯黄、植株死亡。

图3-1　水田起畦种植

（五）交通条件

果园附近具备进出通道，宜在公路、河道附近建园，以方便肥料、农药、果品等物资的运输。

二、建园要求

（一）丘陵坡地建园

丘陵坡地，宜选择地形开阔平整、土层深厚肥沃、坡度25°以下、避冻避风处建园。坡度过大或地形复杂的山地不宜建园。同时，注意做好水土保持，开垦时注意保留果园上方水源林、风口方向的防风林。坡度超过15°时，在开垦时应修筑水平梯地。梯面宽3～4米，梯地内侧挖1条排水沟，以免雨季山洪、径流水冲垮梯地，造成水土流失。

梯地开挖后，按株距2～3米、行距3～4米的标准，在梯地外侧离梯地内壁2～2.5米处挖宽、深60～80厘米的种植沟（图3-2），或60厘米见方的种植坑。沟、坑内填埋园内园外附近杂草、细树枝、树叶（图3-3）及充足的农家肥、土杂肥，并撒施适量的石灰（图3-4），挖出的土壤全部回填，待松土下沉稳定后再种植。

（二）水田建园

水田建园，宜采用深沟高畦方式种植，以降低地下水位，排除积水。同时，不能在

图3-2 开挖壕沟

图3-3　壕沟内填埋树叶　　　　　图3-4　有机肥上撒施石灰

低洼、雨季无法排水处建园，以免长时间淹水导致死树。

　　尽量不要在河道转弯处的下游建园，以免洪水泛滥时河道改道将果园冲垮，造成不可挽回的损失。

三、园地规划

（一）小区规划

　　大面积果园宜划分若干个小区，每个小区面积10～15亩，小区间留出机耕道，方便运输及田间管理。

（二）道路与建筑物规划

　　为管理和运输方便，果园应规划路网（图3-5），路网应与库房、包装场、小区等连通。果园由主干道、支道和人行道组成。主干道作为干线道路，连通各个小区。主干道宽4米左右；支道连接主干道，宽2米左右，主干道和支道路面可铺石料或水泥路面；

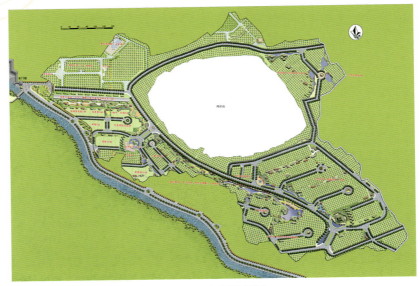

图3-5　果园规划图

人行道设在小区内，宽1米左右，石路或土路均可。道路两侧宜修筑排水沟避免积水。高山、地势险要果园，可联合铺设有轨运输车运送物资（图3-6、图3-7）。平地或缓坡果园根据小区面积，合理设置主干道、支道和人行道。

图3-6　山地果园轨道车

（三）水利设施

为方便灌溉、施肥和喷药，果园内须规划建设水池、药池。按每10～15亩的果园修建一个水池，容积40～50米³，用于贮水、沤制

图3-7 单双轨道运输车

水肥（图3-8）；在水池旁边，紧挨水池修建药池1～2个（图3-9），每个药池容积准确定至1米³，方便喷药时稀释药液。为节水节肥，提高效率，可在果园安装水肥一体化设施（图3-10）。

图3-8 果园内圆形贮水池

图3-9 果园内的方形水池与药池

图3-10 大面积果园安装水肥一体化设施

四、苗木与种植

（一）适宜砧木

砧木选择应当考虑当地气候和土质，宜选择砧穗愈合良好、丰产优质、抗逆性强、品种纯正、无检疫病虫害的优良品种作砧木。金柑常用适宜的砧木品种有枳、红皮酸橘和金柑。近年来的试验结果表明，软枝香橙、江西红橘也是金柑的适宜砧木。

1.枳（图3-11、图3-12） 根系发达，须根多，主根浅，冬季落叶。嫁接亲和力强，成活率高，树冠中等大、矮化、树势中等、产量较高、品质优、早结丰产，适应性强、耐寒、抗旱、耐瘠，较耐湿，不耐盐碱，对柑橘裂皮病和柑橘碎叶病敏感。

图3-11　枳砧木苗　　　　　　　图3-12　枳砧金柑

2.金柑（图3-13、图3-14） 根系较发达，须根多，主根较深，嫁接亲和力强，对土壤适应性强，耐旱、耐瘠。

3.酸橘（图3-15、图3-16） 较直立，根系发达，须根较少，主根深，嫁接亲和力强。对土壤适应性强，耐旱、耐湿，生长旺盛，进入结果年龄比枳迟。用作金柑的砧木，容易出现树势过旺、坐果较差的现象，宜适当控制施肥量。

4.软枝香橙（图3-17） 根系茂盛、分布广、须根多、嫁接亲

图3-13　金柑实生结果树

图3-14　金柑本砧嫁接结果树

图3-15　酸橘砧木苗

图3-16　酸橘砧金柑

和力强、耐旱、树姿开张、早结丰产，抗逆性较强，是碱性土壤中的优良砧木。用作金柑的砧木，具有生长快、树势健壮、产量高、品质优等优势。

　　张社南等（2023）对金柑不同砧木的比较试验结果表明，红

图3-17　软枝香橙砧木苗及香橙砧金柑结果状

橘、香橙、酸橘、枳、柠檬、实生树、本砧金柑株产量差异极显著，四至六年生树3年平均株产量香橙、酸橘砧高达16.10千克，枳、红橘砧中等，为13.40千克，柠檬砧较低，为7.53千克，本砧仅3.87千克，实生树最低，仅1.99千克，3年平均株产量从高到低依次为：香橙＞酸橘＞枳＞红橘＞柠檬＞本砧＞实生树。平均单果重除本砧较大外，其他砧木的差异不大，从大到小依次为：本砧＞香橙＞枳＞酸橘＞实生树＞柠檬＞红橘（表3-2）。

表3-2　不同砧木金柑四至六年生株产量与单果重

砧木	不同树龄的平均株产量（千克）				平均株产量与单果重	
	三年生	四年生	五年生	六年生	株产量（千克）	单果重（克）
柠檬	(0.92± 0.92) Dd	(3.45± 2.25) Dd	(7.63± 4.72) De	(7.21± 10.42) Cd	(7.53± 6.68) Cc	10.91
枳	(1.93± 5.31) Cc	(7.54± 0.47) Cc	(14.68± 3.50) Cd	(18.07± 0.92) Ab	(13.43± 2.44) Bb	11.42
红橘	(4.12± 4.20) Aa	(7.62± 5.21) Cc	(16.54± 4.13) Bc	(16.11± 2.88) Bc	(13.42± 5.74) Bb	10.78

（续）

砧木	不同树龄的平均株产量（千克）				平均株产量与单果重	
	三年生	四年生	五年生	六年生	株产量（千克）	单果重（克）
酸橘	(1.95± 7.55) Cc	(9.55± 4.65) Bb	(19.69± 6.34) Aa	(19.12± 3.61) Aa	(16.12± 1.21) Aa	11.23
软枝 香橙	(3.40± 7.20) Bb	(10.87± 5.00Aa)	(18.83± 3.33) Ab	(18.71± 3.43) Aab	(16.13± 3.73) Aa	11.49
实生树	(0.05± 16.33) Ee	(0.69± 11.43) Ee	(2.52± 21.95) Fg	(2.75± 9.06) Ef	(1.99± 11.28) Ee	11.19
本砧	0Ee	(1.11± 7.36) Ee	(5.66± 1.51) Ef	(4.55± 8.56) De	(3.77± 1.84) Dd	13.16

注：表中同列不同小写字母表示在0.05水平差异显著，不同大写字母表示在0.01水平差异极显著。

以上不同砧穗组合的果实品质存在一定差异：可溶性固形物含量，枳砧最高达18.9%，其次是本砧18.4%、实生树18.1%，香橙、红橘和酸橘砧分别为17.1%、17.4%和17.6%，柠檬砧最低，为16.6%；枳砧的还原糖含量最高8.55%，依次是本砧8.38%、实生树8.31%、酸橘砧8.02%、红橘砧7.75%、香橙砧7.69%、柠檬砧7.36%；枳、香橙和本砧酸含量略高，约为0.7%，其他略低，为0.56%～0.60%；枳砧和实生树维生素C含量略低，每100毫升果汁维生素C含量分别为30.83和32.7毫克，其他砧木含量略高，为34.0～36.0毫克；各砧穗组合果实成熟时间均为12月中下旬，果实色泽均为橙黄色，果皮光滑。从综合品质表现来看，枳砧较好，柠檬砧较差，其他中等（表3-3）。

表3-3　2018—2020年不同砧木金柑果实品质的比较

砧木	可溶性固形物（%）	还原糖（%）	全糖（%）	可滴定酸（%）	每100毫升果汁维生素C含量（毫克）
柠檬	16.6	7.36	13.07	0.59	35.23
枳	18.9	8.55	15.27	0.70	30.83

（续）

砧木	可溶性固形物（%）	还原糖（%）	全糖（%）	可滴定酸（%）	每100毫升果汁维生素C含量（毫克）
红橘	17.4	7.75	14.64	0.56	35.26
酸橘	17.6	8.02	13.90	0.60	35.90
软枝香橙	17.1	7.69	13.37	0.71	34.04
实生树	18.1	8.31	14.40	0.59	32.66
本砧	18.4	8.38	14.81	0.68	34.68

广西红壤土上金柑最适宜的砧木是软枝香橙和红皮酸橘，其次是三湖红橘、枳和本砧，卡里佐枳橙、柠檬不适宜。

（二）苗木质量

优质无病苗木标准：砧木嫁接部位离地面5厘米以上，嫁接口愈合良好、薄膜已解除。主干粗直，高30厘米以上，具3～4条长20厘米以上的分枝（表3-4），枝叶健全，叶色浓绿有光泽，砧、穗结合倾斜度不大于15°。根系完整，主根长25厘米以上，须根发达，根颈正直，无病虫害。不在砧木、接穗来源不明或没有保护设施防护的苗圃购买苗木，更不能在市场上随意购买苗木。

表3-4　金柑嫁接苗木分级标准

砧木	级别	苗木径粗（厘米）	分枝数量（条）	苗木高度（厘米）
枳、金柑、香橙	一	0.8	3	40
	二	0.6	3	30

（三）种植密度

种植密度应考虑砧木、气候、地形、地势、土壤、光照和栽培技术等因素，详见表3-5。

表3-5 不同砧木与地势种植密度

砧木	山地		平地	
	株行距（米）	株/亩	株行距（米）	株/亩
枳、金柑	2×4	83	2×3	111
酸橘、香橙	3×4	56	3×4	56

（四）种植时期

裸根苗以春植和秋植为主。春植在春梢萌芽前，气温回升至15℃时开始；秋植于10月至11月初进行。

容器苗定植不受时间限制，一年四季均可种植，但仍以春、秋季新梢老熟后种植为好（图3-18）。

（五）苗木种植方法

种植前或种植时，按株行距在种植点挖1个长、宽、深

图3-18 无病金柑营养杯苗

各为40厘米左右的种植穴，株施精制有机肥2～3千克、复合肥0.25千克，将肥料与土拌匀。

1.裸根苗的种植 先用新鲜黄泥浆浆根，然后将苗木放入种植穴内，使嫁接口高出回填后的地面10厘米以上，根系自然展开，用细碎肥土回填，填满种植穴后轻踩主干周围土壤使根系与土壤

接触密切，同时用手抓住主干往上轻提，再盖一层细碎肥土，围起树盘，淋足定根水，用草或黑色地膜覆盖树盘。植后注意淋水保持土壤湿润，直至萌芽为止。

2. 容器苗的种植　定植时将苗木放入种植穴内摆放平稳（图3-19），使嫁接口高出回填后的地面10厘米以上。用枝剪将容器两侧剪开后，用手轻轻将容器从营养土下方抽出，一只手固定苗木（图3-20），另一只手将种植穴四周拌匀后的细碎肥、土回填种植穴，围起树盘（图3-21），淋足水保湿。注意不能用脚踏实土壤。定植时，如发现有主根扭曲或侧根缠绕情况，则应该将其剪平，以利于根系生长。

图3-19　正确摆放容器苗

图3-20　剪掉并取下营养杯

图3-21　新种植树树盘

第四章
幼树管理

金柑在苗圃就可开花，但正常情况要种植后第二年才正常投产。因此，对金柑而言，幼树是指自种植后至正常结果前的树，一般是指种植后第一至第二年的树。

一、土壤管理

（一）中耕除草与生草栽培

春夏季节，降雨多，温度适宜，杂草生长快，若不及时除草，树盘内的肥料就会被杂草消耗，影响树体的生长。雨后易造成土壤板结，不利于根系的生长和活动。因此，保持树盘内无恶性杂草很有必要。在夏季的雨后，在除草的同时对树盘中耕松土1～2次，深度10～15厘米，保持树盘土壤疏松，无恶性杂草（图4-1），矮生非恶性杂草可以保留，以减少水土流失。

图4-1　树盘外生草

为了节省人工、保持水土，增加有机质，提倡果园生草。在树盘内外，只要不是恶性杂草或高秆杂草，都可以保留，既可以保湿，又可以降温。杂草过高时，用割草机割掉用于覆盖树盘，增加有机质（图4-2）。

图4-2　果园生草栽培

（二）合理间作

在株行间交叉前，树冠较小，株行间空地较多，为了解决有机肥来源问题，春季可在株行间间种三叶草、白花草、花生、黄豆、绿豆、豇豆，冬季间种萝卜、油菜等矮生绿肥（图4-3）。

（三）树盘盖草

在高温多雨的春夏季，杂草生长快，影响果园的正常管理和肥料的利用。为此，在夏季用杂草、稻草或黑色地膜、防草布等覆盖树盘，减少杂草，保持土壤疏松。同时，在干旱的秋冬季，继续覆盖树盘（图4-4），有利于保湿降温。

图4-3　幼龄果园间种油菜

图4-4　树盘盖草防旱

二、肥水管理

(一) 施肥原则

土壤施肥以有机肥为主，化肥为辅，以满足树体对各种营养元素的需求。

(二) 土壤施肥

土壤施肥常采用浅沟施、深沟施等方式。施追肥时在树冠一侧、两侧或周围滴水线附近挖深20～30厘米、宽约25厘米的条沟（图4-5）、环形沟

或圆形沟（图4-6），长度视树冠、施肥量而定，位置逐次轮换。

图4-5　在树盘两侧开条沟施肥

图4-6　在树盘滴水线附近开圆形沟施肥

1.基肥的施用　基肥主要是供给金柑整个生长期所需的养分，为树体生长发育创造良好的土壤条件，同时改良土壤、培肥地力。基肥多是迟效性肥料。厩肥、堆肥、家畜粪、绿肥等是最

常用的基肥。化肥中的磷肥和钾肥一般也作基肥施用。

基肥除了在种植前施外，更多是在金柑园改良土壤、攻梢、保果、壮果、改善果实品质过程中施用。基肥施用方式有：

（1）挖深坑施。在树冠滴水线附近，挖深、宽50～60厘米，长100～150厘米的长方形坑，将基肥与土回填入坑内（图4-7）。深坑施一般用于幼龄果园和种植密度较小的成年果园的土壤改良。

（2）挖通沟施。沿行向在树冠滴水线附近开挖与行同长、深与宽50～60厘米的通

图4-7　在树冠两侧挖长方形施肥坑

沟一条，沟内施入基肥。通沟施用于种植密度较大的平地或缓坡成年果园。

2.深翻改土　金柑寿命长达30年以上，种植后固定在一个地方，每年从土壤中吸收大量的营养，虽然可从每次施化肥中得到部分补充，但只靠施化肥来补充是不够的，因为化肥没有改良土壤的作用，偏施化肥还会造成土壤板结，土壤容易酸化，不利于根系生长。因此，必须每年或每两年深施一次有机肥改土，通过挖深沟、大坑，施用足够的有机肥，增加土壤有机质，补充全面的养分，改良土壤结构，为根系生长创造疏松肥沃的土壤条件。

可在每年2—3月，在树冠一侧或两侧滴水线附近开深、宽50～60厘米，长100～150厘米的长方形或环形沟，沟的位置逐年轮换，株施腐熟农家肥20～25千克、麸肥3.0～3.5千克、杂草或绿肥15～20千克、15%钙镁磷肥1～1.5千克、酸性土壤配施熟石灰1.0～1.5千克；或商品有机肥6～8千克、复合肥0.2～1.0千克。在回填过程中将肥料与土拌匀，以免肥料过于集中引起烧

根（图4-8）。

3.追肥的施用 追肥是在金柑生长过程中施的速效性肥料。追肥的作用是及时供应金柑抽梢、开花、坐果、果实膨大、成熟等不同生长发育时期所需的养分。追肥的施用方式有：

图4-8 肥料过于集中容易引起烧根

（1）挖浅沟施。在树冠滴水线附近，挖深20厘米、宽30厘米、长100～150厘米的条沟或环形沟，将追肥与土壤拌匀施入沟内。挖浅沟施适用于干性肥料的施用。

（2）兑水淋施。在树盘松土的基础上，将粪水、沼液、麸水、水溶性肥料等按适宜的倍数兑水后直接淋在树盘上；或按挖浅沟施的开沟方法开好沟后，将液肥淋到沟内。施后不盖土，可反复多次施用。适用于水溶性肥如冲施肥、粪水、沼液、麸水、尿素、复合肥等既溶于水又不容易挥发的肥料的施用。

（3）滴灌或微喷施肥。将水溶性肥按一定的浓度溶入水池后，用抽水机或水肥一体化设施加压，通过滴灌带、滴灌管或微喷系统将肥液滴到树盘（图4-9）或喷到叶面。这种施用方式省工省料，肥料利用率高。

（三）叶面施肥

1.叶面施肥的作用 叶

图4-9 滴 灌

面追肥就是将水溶性肥料按使用倍数兑水后均匀喷到叶片上，及时补充树体所需的营养。叶面追肥见效快、省时省工省水，效果显著，应用普遍。特别是在嫩梢转绿老熟期、花蕾期、幼果期喷施，对新梢转绿老熟、壮花、保果、壮果具有显著的促进作用。

2.叶面施肥的种类与浓度　具体使用的叶面肥料种类、使用时期及其浓度详见表4-1。

表4-1　传统常用叶面肥料种类、使用浓度及时期

种 类	使用浓度（％）	使用时期	种 类	使用浓度（％）	使用时期
尿素	0.2 ~ 0.4	新梢转绿期	硫酸锰	0.1 ~ 0.2	新梢转绿期
磷酸二氢钾	0.2 ~ 0.4	新梢转绿期	硫酸亚铁	0.2	新梢转绿期
三元复合肥	0.3 ~ 0.5	蕾期、新梢转绿期	柠檬酸铁	0.05 ~ 0.1	新梢转绿期
硫酸镁	0.1 ~ 0.2	新梢转绿期	硼砂	0.1 ~ 0.2	蕾期、花期
硫酸锌	0.1 ~ 0.2	新梢转绿期	硼酸	0.1 ~ 0.2	
硫酸钾	0.5 ~ 1.0	新梢转绿期	腐熟沼液	10 ~ 30	新梢转绿期
硫酸铵	0.3	新梢转绿期	腐熟人尿	10 ~ 30	新梢转绿期

3.叶面肥的使用时期与方法　叶面肥在一年四季均可使用，主要在春梢、夏梢、秋梢叶片展叶至转绿期间使用。叶面肥可以单一使用，也可以2 ~ 3种混合使用。具体是单一还是混合使用，主要取决于叶面肥所含的养分种类及使用的目的。例如，为了促进新梢尽快转绿老熟，既可以单独使用三元复合肥、腐熟沼液或人尿，也可以用尿素＋磷酸二氢钾、尿素＋磷酸二氢钾＋硫酸镁、尿素＋磷酸二氢钾＋硼砂或硼酸等。

此外，可以直接使用市售的含有氨基酸、水溶有机质、大量或中微量元素等营养的商品叶面肥。

（四）幼树追肥时期与用量

一、二年生树，施肥宜勤施薄施，以氮肥为主，配施磷、钾肥。春、夏、秋梢生长期间分别沟施或淋施速效性肥料2次，其中抽梢前10～15天施1次，叶片转绿期间1次，每次株施尿素25～50克、复合肥第一年30～50克，第二年50～100克；或20%～30%腐熟麸水、粪水或沼液7.5～10.0千克，施肥量逐次增加。同时叶面喷施0.3%～0.4%尿素＋0.2%磷酸二氢钾或其他叶面肥1～2次。施肥量随树龄增长而逐年适当增加。

（五）水分管理

1.灌溉　灌溉水应无污染。在干旱的季节，根据叶片缺水情况及时通过淋水、滴灌、微喷等方式进行灌溉，防止叶片萎蔫、黄化、落叶。

2.排水　在雨季或地下水位高的果园，提前疏通排水沟，排除积水，避免长期积水烂根，诱发流胶病、根腐病，出现叶片黄化、树势衰弱、产量和果实品质下降甚至死亡的后果。

（六）水肥一体化灌溉与施肥

由于劳力成本增加，金柑的施肥已逐步由传统的施肥向水肥一体化转变。水肥一体化施肥方式是通过滴灌或微喷灌系统，将水溶性肥料按一定的浓度溶入洁净的水中，变成水溶性肥料溶液后，通过抽水机或压力泵将溶液滴到土壤、微喷到叶片或树盘周围土壤中，供根系缓慢、微量地吸收。这种施肥方式虽然增加了一次性滴灌或微喷系统的投入，但由于不需要开沟、开穴，所以大幅度地减少了人工的投入，节省了大量的人工成本，同时，用水量和用肥量显著减少，肥料的浪费和流失基本可以避免或显著减少，因而肥料和灌溉水的利用率显著提高。

水肥一体化灌溉系统分两种，一种是滴灌，通过滴灌带或滴灌管将水溶性肥料输送到根系，所需供水与加压设备简单，一般在果园的高处建一个贮水池，不需加压，实行自流灌溉即可，同时，灌溉管道投资少，如果用滴灌带，亩投入大约400元，用国产滴灌管的话，亩投入1 000元左右。但是，如果使用进口成套滴灌设备，设备投资就高达数百万元。另一种是微喷系统（图4-10），投入比滴灌大，主要是

图4-10　微喷淋水施肥

增加了加压水泵、微喷头，管道只能使用塑料管或镀锌管，而不能用滴灌带。

三、树冠管理

（一）适宜的树形

树形直接影响树体通风透光和果实产量与品质，因此，优质的树形对金柑的高产优质至关重要。金柑的树形宜采用自然开心形或自然圆头形。

1.自然开心形　主干高40～50厘米，有明显主干，主干上留主枝3～5个，主枝上留侧枝2～3个，主枝、侧枝分布错落有致（图4-11）。这种树形有主干，树冠较矮，主枝和侧枝较多，修剪时有意识地少短剪，尽量保留长枝条，促使树形开张，同时将树冠叶幕层剪成错落有致的波浪状，有利于通风和光照，内膛光照条件较好，枯枝、病虫害少。

2.自然圆头形　干高30～40厘米，主干明显，主枝3～5个，每个主枝上配置副主枝2～3个。该树形分枝多，易交叉，树冠

紧凑、较高。随着树龄增长，树冠容易郁闭，通风透光条件较差，枯枝、光秃枝、细弱枝、病虫枝较多（图4-11），产量与品质易受影响。

图4-11　自然圆头形与开心形树冠

（二）整形修剪

1.整形修剪方法　采用的整形修剪方法主要有除萌、摘心、抹芽、短剪、疏剪。

（1）摘心。在新梢自剪前将嫩梢顶芽摘掉，防止新梢过长，促进新梢转绿、老熟（图4-12）。

（2）抹芽控梢。在统一放梢前，将提前、零星抽出的嫩梢及时抹掉，待60%以上的新梢萌发时再统一放梢（图4-13）。

（3）短剪。在统一放梢前10～15天，将过长的基枝留

图4-12　摘　心

30~40厘米长进行短剪，促进基枝抽发健壮新梢（图4-14）。

图4-13　抹芽控梢　　　　　　　图4-14　短　剪

（4）疏剪。在嫩梢抽出后，将过多、过密的弱小嫩梢人工疏掉，以使留下的嫩梢生长健壮（图4-15）。

图4-15　疏　剪

2.一年生幼树的修剪

（1）修剪的目的。裸根苗定植第一年，根系恢复生长慢，幼树抽梢能力弱，春梢、夏梢和秋梢不整齐，有时只抽夏、秋梢。因此，第一年修剪的目的是定好主干、留好主枝和副主枝，为丰产树形的形成创造条件。容器苗则不存在这一问题，其修剪目的是促发健壮新梢，尽快扩大树冠。

（2）修剪要领。一年生树的春、夏、秋梢的修剪以轻剪为主。在春季定植时或定植后，要及时因树修剪。

①单干苗的修剪。对无分枝的单干苗，可在离地面30～40厘米处剪顶（图4-16），待春梢抽出后，选留健壮、分枝角度及位置合理的3～4条春梢作主枝，多余的春梢抹掉。

在春梢老熟后、放夏梢前10～15天及时抹芽控梢，将春梢上抽出的零星芽及时抹掉，促其抽出2～3条夏梢作副主枝，多余的抹掉（图4-17）。

图4-16　单干苗定干

图4-17　一年生树每条主枝上留2～3条副主枝

在夏梢老熟后、放秋梢前12～15天，将过长的夏梢留15～25厘米短剪。秋梢抽出后只留2～3条健壮枝，将多余的秋梢疏剪（图4-18）。

②分枝苗的修剪。对具有2～5条分枝的优质苗木，不需重新定干。只需在春梢、夏梢和秋梢抽出后，按照健壮枝留嫩梢2～3条、弱枝留1～2条的标准留梢（图4-19），多余的嫩梢及时抹掉。

图4-18　留2～3条秋梢　　　　图4-19　多分枝苗的留梢

3.二年生树的修剪

（1）修剪的目的。裸根苗种植后的第二年，根系已完全恢复，当年的各次新梢抽出整齐、数量也较多。营养杯苗不存在缓苗期，生长量比裸根苗明显增大，树冠也更快形成。不管是裸根苗还是营养杯苗，二年生树修剪的目的均是促使树冠早日形成，为早结果早丰产奠定基础。

（2）修剪要领。在春梢抽出后，选留健壮的春梢2～3条，多余的春梢抹掉。树势健壮的树，不仅春梢数量较多，而且春梢也较长（图4-20），特别是没有花蕾的幼树更明显。因此，对健壮树的春梢，不仅要及时疏剪过多的弱、密嫩梢，在嫩梢自剪前还要将超过25厘米长的嫩梢及时摘心或短剪，同时在春梢展叶后叶面喷施2次200～300毫克/千克GA_3+0.8%～1%尿素溶液，2次间隔7～10天，以抑制花芽分化，减少或避免花量，以免消耗养分，影响春梢生长，导致春梢偏弱，树冠扩大慢。在现蕾期将花蕾摘掉。

在春梢老熟后、放夏梢前10天左右，及时抹芽控梢，将春梢上零星抽出的夏梢及时抹掉，待60%以上的夏梢萌芽时再统一放梢，以促使大部分的春梢都能抽出2～3条夏梢（图4-21），夏梢抽出后，若夏梢多于2～3条，则将弱、短、密的及时抹掉。

图4-20　春梢过多的树宜适当疏梢　　图4-21　抹芽控梢后抽出的夏梢多而壮

在夏梢老熟后、放秋梢前10～15天，将过长的夏梢留20～25厘米长短剪。秋梢抽出后，继续抹芽控梢，每条基枝留秋梢2～3条，弱枝、短枝、过密枝及时抹掉。

山地果园，由于灌溉条件差，放秋梢期间容易遇到干旱天气，所以可提前至7月中下旬放秋梢。

第五章
结果树的管理

一、修剪

（一）适时放梢，培养健壮的结果母枝

金柑以当年抽发的春梢为主要结果母枝，培养健壮的春梢才能结出优质大果。金柑春梢的萌芽时间因各产区气候差异而不同，同一产区因降雨的早晚、海拔高度、采果时间而存在较大差异。广西阳朔、融安产区金柑结果树春梢萌芽期为3月下旬至4月上旬，随着纬度、海拔的升高及采果时间的推迟，春梢萌芽期相应延后。因此，要根据实际情况促放春梢。

（二）合理修剪的重要性与必要性

金柑结果后，随着树龄的增长，树冠逐渐扩大，果园、树冠内膛的通风透光条件逐步变差，枝梢数量虽然增多，但交叉枝、弱枝、内膛阴枝、干枯枝也相应增多，如不及时修剪，不但通风透光条件继续变差，而且纤细弱枝、小果数量也会增加，既会影响果实品质，又会影响产量和经济效益。因此，通过及时合理修剪，疏剪交叉枝、干枯枝、病虫枝、弱枝，短剪长枝、徒长枝，既有利于改善通风透光条件，保持健壮的树势，又可消除弱枝、内膛阴枝，有利于减少营养消耗，提高叶花果的质量，最终提高大果率和经济效益。显然，及时合理的修剪，对金柑的高产优质高效既十分重要也极为必要。

（三）修剪要领

结果树的修剪时期主要在采果后、春梢萌发前，宜在采果后、春梢萌发前15～20天完成修剪，尤其要进行适度重修剪，以促发健壮的结果母枝，这是确保金柑丰产稳产优质的重要技术措施。特别是已经封行的果园，科学修剪尤为重要。

成年结果树的修剪按以下顺序进行：首先疏剪或短剪株行间交叉枝（图5-1）及内膛交叉大枝（图5-2），改善株行间及内膛的通风透光条件，修剪程度以修剪后的株、行间人员可自由通行、内膛通风透光为宜；其次疏剪树冠中上部及内膛密闭枝（图5-3），如重叠、交叉枝或枝组（图5-4）、扰乱树形的主枝或副

图5-1　行间疏剪

图5-2　疏剪内膛交叉大枝

图5-3　疏剪树冠中上部密闭枝

图5-4　疏剪树冠内膛交叉枝组

主枝（图5-5）；第三，疏剪树冠
中上部弱枝（图5-6）及内膛细
弱枝（图5-7）或枝组及干枯枝、
病虫枝（图5-8）；第四，疏剪
树冠外围的"扫把权"（图5-9）、
短剪下垂拖地枝（图5-10）；

图5-5　疏剪扰乱树形的侧枝

图5-6　疏剪树冠中上部弱枝

图5-7　疏剪树冠内膛细弱枝

图5-8　疏剪病枝

图5-9　疏剪"扫把枝"　　　图5-10　短剪下垂拖地枝

最后，短剪树冠外围细长枝（图5-11）、结果枝（图5-12）、落花落果枝（图5-13）、过长的营养枝（图5-14）及光秃枝（图5-15）。修剪后的树冠，以阳光可以稀稀疏疏地直射到树冠下的地面为宜。

图5-11　短剪树冠外围细长枝

图5-12　短剪结果枝　　　图5-13　短剪落花落果枝

图5-14 短剪树冠外围营养枝

图5-15 疏剪光秃枝

春梢萌发至3～4厘米长时，疏一次春梢：将过多过密的春梢（图5-16）按强壮基枝留2～3条（图5-17）、中庸基枝留1～2条、

图5-16 春梢过密

图5-17 疏春梢后

弱基枝留1条的原则及时疏梢，以减少养分消耗，提高留下的春梢质量，最终提高花、果质量。

二、施肥

（一）土壤施肥

结果树要施好4次肥，即深施基肥、春梢萌芽肥、稳果肥、壮果肥，并且要做到重施春梢萌芽肥、适施稳果肥、足施壮果肥。

1. 深翻改土　在每年1—3月，在树冠一侧或两侧滴水线附近开深、宽50～60厘米，长100～150厘米的长方形（图5-18）或环形沟，沟的位置逐年轮换，株施腐熟农家肥20～25千克、麸肥1.5～2.5千克、杂草或绿肥15～20千克、15%钙镁磷肥1～1.5

图5-18　1—3月深施肥改良土壤

千克、熟石灰1.0～1.5千克；或商品有机肥6～8千克、复合肥0.5～1.0千克。

2.萌芽肥 春梢萌芽前10～15天施萌芽肥，以速效肥为主，促发健壮春梢。沿树冠滴水线开30厘米深的浅沟施入，施肥量视树冠大小，株施优质复合肥0.5～1.5千克+尿素0.3～1千克+腐熟牛粪或商品有机肥5～10千克，施肥后及时覆土。一般每次施肥只在树的两侧挖浅沟，下次轮换挖沟位置。

3.稳果肥 要视情况施用，如果第一批花量大，谢花后应及时施用，如果第一批量小，则在第二批花谢花后施用。株施优质复合肥0.5～1.0千克+尿素0.3～0.5千克。

4.壮果肥 以长效的有机肥为主，加施适量速效肥，达到壮果、养树、改善果实品质的效果。6月中下旬，在树冠两侧滴水线下挖深30厘米、宽30厘米的施肥沟，视树冠大小，株施入优质复合肥0.5～1.5千克+商品有机肥5～7.5千克+花生麸1～2千克+钙镁磷肥1～2千克（图5-19、图5-20）。有机肥与钙镁磷肥需进

图5-19 开沟施壮果肥　　　　图5-20 开沟施壮果肥时肥料与土拌匀

行混合堆沤腐熟后施用，施肥后覆土。这次施肥后，直至采果都不再开沟施肥。

（二）叶面施肥

春梢展叶转绿期、现蕾期、谢花期、幼果期、果实膨大期、果实转色成熟期均应喷施叶面肥，可有效促进叶片老熟、花果发育、坐果、果实膨大与转色成熟，提高叶片、花和果实质量。春梢展叶转绿期用0.4%磷酸二氢钾＋0.2%尿素、0.3%～0.4%复合肥液、氨基酸类液肥喷雾，现蕾期、谢花期、幼果期均可用0.4%～0.5%磷酸二氢钾＋0.2%硼砂、氨基酸类液肥如天润美满1000倍液喷雾。

三、水分管理

（一）安装灌溉设施

金柑抗旱能力相对较强，但遇持续干旱天气，也需要淋水防旱抗旱。如遇春季干旱，对春梢萌芽及生长就非常不利，也会影响当年金柑的生长、产量和质量，因此，在果园建立时应安装引水、蓄水及淋水设施，最好安装水肥一体化设施，做到随时能灌，确保促梢、壮梢、壮果所需水分供应。特别是秋季是金柑果实膨大的关键时期，更要保证充足的水分供应。

（二）适时控水

金柑结果树有两个需要控水的时期，春梢老熟后至现蕾都不宜灌水，避免施用水肥，否则就会影响花芽分化，造成花量减少。在果实进入着色期后，也需要控水，避免施用水肥，否则会推迟成熟、降低果实品质。

（三）防旱排涝

山地金柑园可根据果园地形条件，开建集雨沟、蓄水池，也可利用果园的防洪沟集雨蓄水，依防洪沟逐级建设多个蓄水池，采取分段拦水进入池内，这样可避免水路过长、集水面积过大而造成水土流失。建好这些蓄水池，就可满足平常果园杀虫防病淋施水肥的用水，旱时可提供充足的抗旱用水。

平地金柑园要开好排水沟，地下水位高的果园，要开80厘米以上深沟，避免果园积水。

（四）果园生草与树盘覆盖

在果园株行间空地及树盘内，保留矮生、浅根、非恶性杂草（图5-21），既可减少雨季时的水土流失，又可在一定程度上稳定土壤温湿度，缓解旱情。在不生草的果园，可在旱季来临前，用杂草、地布、防草布覆盖树盘（图5-22），既可降低土温，减轻土壤水分蒸发与旱情，又可避免恶性杂草的生长。

图5-21　果园生草

图5-22　杂草覆盖树盘

四、保花保果

（一）结果习性

金柑的花芽为混合花芽，雌雄同花（图5-23），为完全花，自花结果，花白色，小而多，花瓣5～6枚，有单生、双花及花序花。以单生或双花（图5-24）结果为主，花序花极少（图5-25）、坐果率较低。金柑一年多次开花结果（图5-26），春、夏、秋不同季节抽出的枝梢均可分化花芽，开花结果，但以春梢结果母枝为主（图5-27）。当年的春梢从萌芽、老熟到开花，一般需要65～75天，因此，金柑开花的时间较其他柑橘类果树迟。部分夏、秋梢也可成为结果母枝（图5-28、图5-29）。花期主要在5—9月，低龄树一年可开4次花、结4批果，高龄树开3次花、结3批果，以第一、二批果实较大、质量较好（图5-30），第三、四批花果实较小，质量较差，这与果实生长发育期较短、气温下降有关。正常

图5-23　金柑的雌雄同花

图5-24　金柑的单花与双花

图5-25　金柑的花序花

图5-26　金柑一年内多次开花结果

图 5-27　金柑春梢结果母枝与花蕾

图 5-28　金柑夏梢结果母枝与花

图 5-29　金柑秋梢结果母枝与花

图 5-30　不同批次的果实大小差异明显

情况下，在阳朔县金柑第一次开花在 6 月上中旬，第二次开花在 7 月上中旬，第三次开花在 8 月上旬，第四次开花在 8 月下旬至 9 月上旬。各地因气候差别而略有差异，同一地区因采果时间不同也存在差异，有时各批花之间的间隔不明显，存在交叉重叠现象。

（二）生理落果

　　金柑的花蕾、花、幼果在生长发育过程中，因组织衰老、离层的产生而非机械或外力的作用而导致的脱落，称之为生理落果。生理落果是树体为维持树势、保持生殖生长与营养生长的相对平衡、维持其生存而采取的一种自我生理调节现象。天气正常情况下，除脆蜜金柑外，其他金柑的生理落果在正常范围内，产量是有保障的。

1.生理落果类型　生理落果按照脱落时期的不同分为落蕾、落花和落果；按照产生离层的部位的不同，可分为第一次生理落果与第二次生理落果。第一次生理落果也叫带梗落果，离层在果柄与结果母枝或结果枝之间形成，花蕾、花或幼果带果柄一起脱落（图5-31）；第二次生理落果也叫不带梗落果，离层在果柄与幼果之间形成，幼果不带果柄脱落（图5-31），果柄暂时留在结果母枝或结果枝上，第二次生理落果只是幼果的脱落，没有落蕾与落花。

图5-31　带梗落果与不带梗落果

2.生理落果的原因　金柑的生理落果主要受授粉、受精、激素、营养、光照、气温、病虫危害与药害等的影响。

（1）花的质量与生理落果。花芽发育是否正常与生理落果关系密切。花粉发育正常，花的质量优良，坐果率提高，相反，花蕾发育不良，花蕾弱小或畸形花多，花粉量少，花粉活力下降，生理落果加重。如畸形花，因柱头外露（图5-32），授粉受精不能正常进行，绝大多数在花期脱落。

（2）花果量与生理落果。花量或幼果量太大（图5-33），花

图5-32 柱头外露的畸形花

图5-33 花量过大造成落果增多

蕾、幼果间的养分矛盾加重，部分花或幼果的养分供应不足，生理落果加重。

（3）树势与生理落果。树势健壮，花、幼果间的营养较均衡，花壮（图5-34）、幼果转绿快（图5-35），生理落果较轻，坐果率较高。树势弱的树，花芽发育不良，花质量下降，生理落果加重。但是，树势过旺会导致夏梢萌发过多，生理落果也会加重。生产上通过合理修剪、控制施肥培育中庸的树势，有利于提高坐果率。

图5-34 花大花壮

图5-35 树势健壮幼果转绿快

（4）激素与生理落果。生理落果前，果柄与结果母枝、结果枝与幼果间先形成离层，离层细胞分散裂开导致落果，而离层的形成与多种激素有关。

生长素（IAA）与生理落果高度负相关，它对果实生长与离层发育的抑制是必要的。赤霉素（GA）可抑制吲哚乙酸（IAA）氧化酶的产生，防止IAA的分解；GA处理促进了IAA的产生，刺激树体生理代谢物质由营养器官流向幼果，从而抑制落果。因此，在生理落果期用赤霉素处理可减轻生理落果，提高坐果率。

细胞分裂素（CTK）被认为可防止器官组织的衰老，促进细嫩组织细胞的分裂与膨大，促进代谢物质向CTK含量高的器官组织转移。因此与落果及幼果发育关系密切，可抑制生理落果。

对脱落有促进作用的是脱落酸（ABA）。它具有抑制生长、促进组织器官衰老和脱落的作用。

子房的发育不单纯由某种激素控制，而是取决于各种激素间的相互平衡，即促进生长激素含量与抑制生长激素含量间的比例。较高的促进生长激素含量与较低的抑制生长激素含量，使子房继续发育，生理落果减轻；较高的抑制生长激素含量与较低的促进生长激素含量，使子房发育停止，造成并加重落果。

据此，生产上常常应用外源激素（植物生长调节剂）提高金柑的坐果率。常用的植物生长调节剂有以下几种：

①赤霉素（GA）。赤霉素又名九二〇，赤霉素最突出的作用是加速细胞的伸长，促进细胞分裂和细胞的扩大，抑制成熟。因为赤霉素可以抑制吲哚乙酸（IAA）氧化酶的产生，防止IAA的分解，提高植物体内生长素的含量，而生长素直接调节细胞的伸长。

②芸薹素内酯（BR）。能显著增加植物的营养体生长和促进受精作用。

③噻苯隆（TDZ）。噻苯隆又名脱叶脲、脱叶灵、脱落宝、益果灵，是一种新型高效的细胞分裂素。使用得当可防止器官组织的衰老，促进细嫩组织细胞的分裂与膨大，促进代谢物质向CTK含量高的器官组织转移。

（5）气温、持续降雨与生理落果。在金柑生理落果的早期即落蕾落花阶段，落果的增加与气温的升高因而导致蒸发量增加同步。这是因为气温的上升使蒸发量随之增加，空气变得干燥，水分蒸发加快，柱头表面黏液中的水分蒸发加快，容易失水干燥，不利于花粉的萌发。花瓣与子房也容易失水干枯，同时叶片、花蕾及花的呼吸强度增强，养分消耗增多，促进离层形成的脱落酸等抑制生长、促进衰老的激素水平随之提高，落果因此加重。2022年6月22日至7月2日、7月4—25日，阳朔县分别持续11天、22天的30 ~ 35℃和30 ~ 38℃日最高气温，造成金柑第一、第二批花果异常严重脱落（图5-36）。

图5-36　持续高温导致严重落花落果

　　落果率的高低与降雨密切相关。持续降雨导致光照不足，光合作用受阻，光合产物减少甚至完全无法进行光合作用，叶片制造、供应的养分不足以维持树体正常生长发育的需要，营养矛盾加剧，落果加重。同时，持续降雨容易导致谢花后的花瓣紧贴在

幼果上，既阻碍光照，又容易诱发灰霉病、蓟马危害，从而加重落果。

随着幼果的膨大，气温、降雨对幼果生理落果的影响越来越小，到生理落果结束几乎不再产生影响。直到果实转色成熟期间，持续较大的降雨才会导致果实开裂、脱落。

（6）夏梢生长与生理落果。在金柑初结果树第一、二批花生理落果期间，长势旺盛的青壮年树或树势健壮的树在高温多雨条件下，往往容易抽发夏梢，若夏梢数量过多（图5-37），消耗营养则相应增加，生理落果就会加重。

图5-37　夏梢多（左）结果少，夏梢少（右）结果多

（7）病虫危害与生理落果。椿象主要以若虫、成虫用针状口器插入果实中吸取汁液造成落果（图5-38）。幼果被害后果皮油胞受到破坏，被害处紧缩变硬，形成果实硬心，并停止膨大乃至早期脱落，果实着色期受害，易造成果实变黄引起落果。柑橘小实蝇成虫羽化后交尾产卵，卵产于将近成熟的果肉内，孵化为幼虫危害，导致果实腐烂、脱落（图5-39）。

图5-38 椿象危害导致受害处腐烂，最终落果（全金成提供）

图5-39 柑桶小实蝇危害引起大量落果

（三）保花保果技术

1.培养优质的结果母枝　金柑以当年的春梢为主要结果母枝，青壮年树也有少量当年夏、秋梢开花结果。所以，一定要通过高质量的冬季或春季修剪、冬春季及时施肥来促进春梢萌发与生长。只有结果母枝数量足质量优，才能保证花芽分化顺利进行（图5-40），提高花的质量，为提高坐果率奠定基础。

2.合理喷施多效唑，增加花量　金柑结果树多数采用避雨避寒栽培，果实至翌年2—3月甚至4月才采收完毕，因此，当年春梢比柑橘其他品种萌发生长的时间迟，一般在4月才萌发，而此期间气温较高、降雨较多，春梢生长较旺较快，枝条不够充实。为此，在青壮年旺长树春梢叶片转绿期叶面喷施1次15%多效唑可湿性粉剂300倍液，可促进花

图5-40 金柑春梢结果母枝质量优，花蕾多而壮

芽生理分化，增加第一批花的数量。

3.叶面追肥，壮蕾壮花　金柑现蕾后，叶面喷施一次0.4%磷酸二氢钾＋0.2%硼砂，促进花蕾发育健壮。

4.巧用植物生长调节剂，提高坐果率　当金柑谢花80%时，叶面喷一次30毫克/千克赤霉素（九二〇）＋0.4%磷酸二氢钾＋0.2%硼砂。之后间隔5～7天喷一次1～2毫克/千克噻苯隆或者5毫克/千克细胞分裂素＋0.4%磷酸二氢钾，连喷2次，促进幼果膨大。加入防黑星病及蓟马的药物，在保果的同时预防黑星病及蓟马危害。

需要注意的是，当第一批花量较多时，才可喷施赤霉素，若第一批花较少，可用0.07毫克/千克芸苔素内酯或5毫克/千克细胞分裂素替代赤霉素，待第二批花才使用赤霉素，因为使用赤霉素会使下一批花的花量明显减少。

笔者在广西阳朔县金宝乡大水田村八年生金柑本砧嫁接树上的试验（表5-1）结果表明，以处理1和处理3的金柑坐果率较高，均在20.00%以上，比对照提高了49.96%和46.68%。处理2和处理3的果实生长发育较快，其果实横径比对照增加了3.12毫米和2.80毫米，纵径比对照增加了3.66毫米和1.97毫米。在单果重与产量方面，也是以处理2、处理3的效果较显著，单株产量较对照提高了13.5%和11.6%，单果重比对照增加了34.0%和26.9%（表5-2、表5-3）。在金柑谢花后7天喷1次30毫克/千克GA_3，间隔7天和14天后再分别喷1次5毫克/千克CTK＋10毫克/千克NAA，可有效提高果实产量和经济效益。

表5-1　金柑保果试验处理

处理	处理方法	处理时间	备注
1	30毫克/千克GA_3＋10毫克/千克NAA		谢花后第7天各处理喷1次30毫克/千克GA_3
2	5毫克/千克CTK＋10毫克/千克NAA	谢花14天、21天各喷施1次	
3	1毫克/千克噻苯隆		
CK	喷清水		

表5-2　不同处理对金柑坐果率的影响

处理	花量（朵）	坐果数（个）	坐果率（%）	坐果率比较（%）
1	1 308	269	20.56	149.96
2	1 399	253	18.08	131.87
3	1 039	209	20.11	146.68
CK	1 430	196	13.71	100.00

表5-3　不同处理对金柑单果重量与株产量的影响

处理	株产量（千克）	株产量比较（%）	单果重量（克）	单果重量比较（%）
1	34.8	106.4	16.9	108.3
2	37.1	113.5	20.9	134.0
3	36.5	111.6	19.8	126.9
CK	32.7	100.0	15.6	100.0

　　5.花期摇花　春季雨水多，开花后花瓣和花丝容易黏附在子房和花托上，影响幼果果皮转绿，或诱发灰霉病甚至造成幼果腐烂而落果。因此，可在开花期间每隔1～2天摇花1次，把凋谢的花瓣摇落（图5-41）。

图5-41　摇花前后对比

6.**控抹夏梢**　当青壮年树夏梢过多抽出时，宜将树冠中上部的夏梢在刚抽出3～5厘米长时及时抹掉（图5-42），以减少养分消耗，缓解梢果营养矛盾，提高坐果率。

7.**及时防控病虫害**　根据物候期与病虫发生危害规律，提前预防病虫以免造成严重危害，减少甚至避免因病虫危害

图5-42　及时抹夏梢

造成的落果。重点防控的有蓟马、椿象、炭疽病、灰霉病、柑橘小实蝇等。

（四）脆蜜金柑保果技术

1.**促花**　脆蜜金柑枝梢粗壮，长势旺，需进行控旺促花。春梢自剪后，叶面喷施1次0.4%磷酸二氢钾＋0.2%硼砂，完全展叶后再喷1次。春梢叶片完全转绿后，叶面喷施1次15%多效唑300倍液＋0.4%磷酸二氢钾＋0.2%硼砂溶液，促进春梢老熟及花芽分化。

2.**壮花**　现蕾后，叶面喷施1～2次0.2%硼砂＋0.4%磷酸二氢钾溶液，以促进花芽分化、花蕾生长健壮。

3.**保果**

（1）摇花。脆蜜金柑的花瓣基部并不完全裂开，而是粘连在一起。因此，开花后花瓣难以自行脱落，谢花期若遇阴雨，花瓣更容易附着在幼果上，阻碍幼果见光和转绿，造成大量异常落果。为此，可在谢花时及时摇花，每天摇花1～2次。

（2）植物生长调节剂保果。在谢花80%时，叶面喷1次0.05～0.1毫克/千克芸苔素内酯＋20～40毫克/千克GA_3＋0.4%磷酸二氢钾，或在谢花后及时喷2～3次20～30毫克/千克GA_3＋0.5～2.0毫克/千克噻苯隆＋氨基酸液肥，每次间隔7～10天，可提高

坐果率，促进幼果膨大。如遇持续高温、降雨天气，间隔时间缩短至3～5天。需要注意的是，当第一批花量较多时才可喷施赤霉素保果，若第一批花较少，则应在第二批花谢花后再喷赤霉素，因为使用赤霉素会使下一批花数量明显减少。在喷施第一次保果剂后5～7天内喷1次0.5～2.0毫克/千克噻苯隆＋0.4%磷酸二氢钾，间隔7天再喷1次，以促进幼果坐果与膨大。

注意：在使用噻苯隆时一定要控制好使用浓度、次数与喷施质量。浓度过大或在高温下混用不当容易导致叶片与果实出现不同程度的黄化（图5-43、图5-44、图5-45）、畸形（图5-46、

图5-43 噻苯隆药害导致嫩叶失绿斑驳黄化

图5-44 噻苯隆药害导致脆蜜金柑嫩叶均匀黄化

图5-45 噻苯隆药害导致金柑嫩叶失绿斑驳黄化

图5-46 噻苯隆药害导致脆蜜金柑果实畸形

图5-47）、流胶（图5-48）、腐烂（图5-49）、落果（图5-50）、落叶（图5-51），造成损失。

图5-47　噻苯隆药害导致脆蜜金柑果实由近球形变成梨形　　图5-48　噻苯隆药害导致幼果流胶

图5-49　噻苯隆药害导致幼果腐烂

图5-50　噻苯隆药害导致幼果黄化脱落　　图5-51　噻苯隆药害导致嫩叶黄化脱落

五、防裂果

9—10月金柑果实仍然处于膨大期，也是金柑产区最容易发生秋旱的时期，久旱遇大雨或持续降雨极易引起裂果，尤其在果实进入着色成熟期遭遇久旱后大雨，裂果会更严重（图5-52）。因此，当连续15天以上无雨，应适当淋水一次，可减少久旱遇雨引起的裂果。

图5-52　降雨造成金柑裂果

六、金柑大果优质栽培技术

金柑一年开3～4批花、结3～4批果，每批花间隔25～30天，第一、二批花间隔约30天，其后各批次花间隔依次缩短2～3天。由于开花结果批次多，造成果实大小差异大，自然状态下阳朔金柑单果重8～25克，第一批果实最大，可达到20～25克，但第一批花坐果率低，第四批果实最小，多为8～13克。而金柑的价格与果实大小关系极大，同样品质情况下，果大价高，果小价低，大果和小果售价最大相差可达10倍以上。为提高金柑大果率，提高经济效益，增加农民收入，我们于2008年开始研发金柑大果优质栽培技术并开展相关试验，2010年3个试验果园18克以上果实占总果量的75.40%～89.47%，且第一批重达到30～35克，而自然状态下单果重18克以上的果实只占20%～30%。金柑大果优质栽培技术使阳朔金柑的大果率和单果重得到显著提高，2010年以来，每年在阳朔应用面积超过10 000公顷。

（一）适度重修剪

金柑的结果母枝主要是当年的春梢，健壮的春梢是提高坐果率和培育大果的基础。适度重修剪有利于促发健壮的春梢，改善树体的通风透光条件，减轻病虫危害，这是金柑栽培管理中最重要的技术措施。修剪轻了，春梢萌发不够健壮，修剪重了，剪掉的枝叶过多，会影响产量，因此要做到"适度重剪"。

一般在采果后进行修剪，具体可分为5步进行。第一步，疏剪主枝（图5-53）并剪除拖地枝。对成年结果树，要疏剪掉一部分生长方向重叠、交叉的主枝，每株树仅选留2～4条粗壮的主枝。对一些主枝很多、主枝之间优势不明显的树，则逐年剪除相对弱势枝、培育相对优势枝为主枝。同时剪除距地面50厘米以内、挂果后容易下垂拖地的枝条；第二步，疏剪副主枝。疏剪一部分生长方向重叠、交叉的副主枝（图5-54），每一主枝上配副主枝不超

图5-53 疏剪主枝

图5-54 疏剪副主枝

过3条；第三步，疏剪树冠中外层密集枝组。主要针对着生于副主枝上的树冠中外层直径0.5～1.5厘米的密集枝组进行疏剪，以哪里密就剪哪里为原则，对枝条密集处进行适当疏剪，使其互不拥挤、互不遮挡阳光；第四步，回缩株行间交叉枝（图5-55）。对已经封行的果园，要回缩株行间交叉形成"握手"的枝组，确保剪后留出株间40～60厘米、行间60～80厘米的空间；第五步，进行外围修剪。疏剪树冠外围的"扫把枝"、弱枝，短剪长枝（图5-56）。

图5-55　行间回缩修剪

图5-56　回缩修剪树冠外围长枝

　　修剪后的树冠，太阳光可以稀稀疏疏地直射到树盘，达到"行间能通行，树下能透光"的效果。

（二）早施春梢萌芽肥

　　春梢的健壮程度与果实的大小密切相关，健壮春梢结大果，细弱春梢结小果。阳朔金柑春梢萌芽期为3月下旬至4月上旬，6

月上旬开第一批花。采果较迟的树，春梢萌芽、开花期相应推迟，可迟10～30天，甚至更迟。需要在春梢萌芽前10～15天，视树冠大小，株施优质复合肥0.5～1千克＋尿素0.3～1.0千克，沿树冠滴水线开浅沟施入、覆土（图5-57），确保春梢萌芽后养分供应充足，生长健壮。

图5-57 开浅沟施春梢肥

（三）促花壮花

5月上旬，春梢叶片完全转绿后，叶面喷施15%多效唑可湿性粉剂300倍液＋0.4%磷酸二氢钾，10天后再喷1次，促进春梢老熟及花芽分化，增加第一批花量。整个5月不施水肥，尤其不能施含氮的肥料。

金柑现蕾后，叶面喷施1～2次0.2%硼砂＋0.4%磷酸二氢钾，促进花芽分化，提高花的质量。

（四）巧用植物生长调节剂

提高金柑的大果率，关键是提高第一、二批花的坐果率。在第一、二批花谢花80%左右时，叶面喷1次0.07毫克/千克芸苔素内酯＋30毫克/千克GA₃＋0.4%磷酸二氢钾，提高坐果率。需要注意的是，当第一批花量较多时，才可喷施赤霉素保果，若第一批花较少，则应在第二批花谢花后喷施赤霉素，因为使用赤霉素会使下一批花数量明显减少。在喷施第一次保果药后5～7天内喷1次1～2毫克/千克噻苯隆或5毫克/千克细胞分裂素＋10毫克/千克萘乙酸，间隔7天再喷1次，促进坐果与幼果膨大。

（五）重施壮果肥

8月中下旬，在树冠两侧滴水线附近挖深20厘米、宽30厘米的施肥沟，视树冠大小，株施优质复合肥0.5～1.5千克＋腐熟牛粪15～20千克＋花生麸1～2千克＋钙镁磷肥1～2千克（图5-58）。花生麸、牛粪与钙镁磷肥经混合堆沤腐熟后施用，施后覆土。这次肥施完后，直至采果不再开沟施肥。因此，这次肥主要施长效有机肥，配施速效肥，达到既保果壮果，又长效养树护树、改善果实品质的效果。

图5-58　在树冠两侧开沟施壮果肥

（六）合理疏果

在坐果率正常的情况下，金柑容易出现结果过多或果实大小不均匀的现象。为了提高单果重量、整齐度及销售价格，在生理落果结束后，宜及时合理疏果1～2次。第一次将花斑果（图5-59）、畸形果（图5-60）、小果（图5-61）疏掉，第二次疏掉过多的正常果（图5-62）及第四批花结的小果。

图5-59　疏掉花斑果

图5-60　疏掉畸形果

图5-61　疏掉小果

图5-62　疏掉过多的正常果

七、防日灼

　　在高温、强辐射的7—9月，金柑果实容易因太阳强辐射而导致果皮、果肉灼伤（图5-63、图5-64），严重影响果实外观与内部品质。为减少或避免日灼果，可在7月中下旬，用遮光率60%～70%的遮阳网直接覆盖在树冠上，四周用绳子拉紧捆扎固定（图5-65），减少光照的直接辐射，可显著减少日灼果的发生。

图5-63　金柑日灼果中期症状

图5-64　严重日灼金柑失去食用价值

图5-65　树冠覆盖遮阳网防日灼

第六章
避雨避寒栽培技术

一、避雨避寒栽培的目的

金柑果实成熟期间若遇几次较大的降雨或低温霜冻、冰冻，会造成果实开裂（图6-1）、烂果、落果（图6-2），轻者烂果率达到10%～20%，重者可高达70%～90%，甚至全部落光，造成颗粒无收的惨状（图6-3）。

图6-1　降雨造成金柑裂果

图6-2　霜冻造成金柑落果

图6-3　降雨、霜冻或冰冻造成金柑颗粒无收

　　在避雨避寒栽培技术未出现前，金柑必须在11—12月采收，由此而带来的后果是果实品质未能充分体现、大量果品集中上市，销售价格低至1～3元/千克，严重年份甚至出现果难卖、卖不掉的现象。而避雨避寒栽培技术的应用，彻底解决了这些问题，不但果实不会受到伤害，而且可留树保鲜至翌年的2—3月（图6-4），这样，产量有了保证，采收期由传统栽培的11—12月延长至11月至翌年3月，延长了3～4个月，采收期的显著拉长避免了果品的集中上市，果品价格显著提高，由原来传统栽培的1～3元/千克提高到避雨避寒栽培的6～20元/千克，经济效益显著提高。

图6-4　避雨避寒栽培的金柑果实留树至翌年3月份完好无损

通过避雨避寒栽培可保持果实品质，保证销售顺畅，最终确保经济效益（图6-5）。

图6-5　避雨避寒栽培的金柑遇到冰冻也安然无恙

显然，避雨避寒栽培的目的就是通过树冠覆盖薄膜，避免冬季低温霜冻、冰冻、降雨直接接触果实（图6-6），造成果实开裂、腐烂、脱落，达到保果保产保质，延长果实留树保鲜时间，改善果实品质，拉长采收上市供应期，避免集中采摘上市，提高价格和经济效益。

图6-6　薄膜外结冰，薄膜内果实完好如初

二、避雨避寒栽培对树盘土壤相对湿度的影响

试验结果（图6-7）表明，树冠盖膜后树盘土壤相对湿度明显降低，由不盖膜的19.9%～38.5%降至盖膜的10.4%～16.7%，且变化幅度减小。从2010年12月13日至2011年3月31日，树冠盖膜金柑树的裂果和落果很少；树冠不盖膜金柑树的裂果和落果较多，且后期较前期严重，但至2011年3月31日仍挂有部分可食果实。显然，果实成熟期间即使遇到较大的降雨，树冠盖膜树盘土壤湿度较低较稳定，果实不易开裂，不盖膜树的土壤湿度较高、变化幅度大，果实容易开裂。

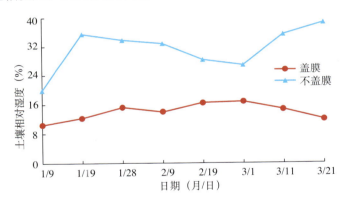

图6-7　金柑树冠盖膜与不盖膜树盘土壤相对湿度变化曲线

三、避雨避寒栽培效果

金柑避雨避寒栽培避免了降雨、霜冻、冰冻直接接触果实，果实不会发生开裂、烂果、落果现象。因此，柑橘避雨避寒栽培具有保果、保产、保质、延长留树保鲜时间、提高价格和效益等显著效果。

（一）保护果实

2010年12月7日桂林市出现第一次霜，12月16—17日全市出现冰冻，12月23—25日出现了大范围的寒潮天气过程，日均气温小于7℃，48小时内平均气温降幅超过8℃，26—27日出现了冰（霜）冻。特别是16—17日出现的冰冻，对传统栽培不盖膜的金柑造成了严重的影响，3～4天后大量果实开裂，随后腐烂掉落，损失惨重。经在灾后7天的实地调查，此次霜冻造成的裂果率高达52.7%～57.4%，平均达到55.3%，而提前采取了树冠盖膜、避雨避寒栽培措施的果园没有裂果（表6-1）。

表6-1　霜冻造成金柑裂果情况（2010年12月23日）

栽培模式	株号	树龄（年）	冠幅（米）	裂果数（个）	好果数（个）	总果数（个）	裂果率（%）
传统栽培	1	8	2.2×2.3	689	512	1 201	57.4
	2	8	2.0×2.1	621	536	1 157	53.7
	3	5	1.4×1.5	116	104	220	52.7
	平　均			475.3	384	859.3	55.3
避雨避寒栽培	1	8	2.1×2.2	0	1 186	1 186	0
	2	8	1.9×2.0	0	1 305	1 305	0
	3	5	1.6×1.7	0	257	257	0
	平　均			0	916	916	0

2012年10—11月，出现了多年未见的异常降雨天气，由于降雨时间早、次数多、持续时间长，致使金柑产区的很多果园来不及给金柑树盖膜，导致前期出现了一定程度的烂果和落果。据调查，红壤土、传统栽培不盖膜且正常成熟三年生树的裂果率达到7.09%～35.46%（表6-2），催熟果园的裂果率高达50%以上。避雨避寒栽培的果园无裂果。

表6-2　2012年10—11月异常降雨导致金柑裂果情况表

栽培模式	株号	好果数量（个）	烂果数量（个）	总果数（个）	烂果率（%）
传统栽培	1	130	18	148	12.16
	2	237	27	264	10.22
	3	93	23	116	19.83
	4	118	9	127	7.09
	5	403	45	448	10.04
	6	493	93	586	15.87
	7	66	15	81	18.52
	8	91	50	141	35.46
	9	131	23	154	14.94
	10	79	23	102	22.55
	合计	1 841	326	2 167	15.04
避雨避寒栽培	1	127	0	127	0
	2	368	0	368	0
	3	418	0	416	0
	合计	913	0	913	0

（二）保持产量

根据实地采果测定的结果，2009—2010年，在广西桂林市阳朔县白沙镇实施的国家星火计划项目"金柑避雨避寒高效栽培技术示范推广"的示范果园九至十年生的盖膜金柑实生树的平均亩产量为2 791.28～2 800.00千克，两年平均产量为2 795.64千克，而不盖膜的对照果园产量只有0～206.08千克，平均产量为103.04千克，树冠盖膜比不盖膜增产2 713.16%；八至九年生的枳砧盖膜金柑树的平均亩产量为2 543.95 ～ 3 428.04千克，两年平均为2 986.00千克，而不盖膜的对照果园的产量只有186.75 ～ 305.76千克，平均246.26千克，树冠盖膜比不盖膜增产1 212.54%（表6-3）。

表6-3　2009—2010年金柑避雨避寒栽培果园产量对比

处理类型	果园地址	树龄（年）	砧木	平均亩产量（千克）		
				2009年	2010年	平均
树冠盖膜	白沙镇古板村	9 ～ 10	实生	2 791.28	2 800	2 795.64
	白沙镇古板村	8 ～ 9	枳	3 428.04	2 543.95	2 986
树冠不盖膜	白沙镇古板村	9 ～ 10	实生	0	206.08	103.04
	白沙镇古板村	8 ～ 9	枳	305.76	186.75	246.26
树冠盖膜比不盖膜增加产量（%）			实生砧			2 713.16
			枳砧			1 212.54

（三）保持或改善果实品质

金柑果实留树至翌年3月采收时，树冠盖膜与不盖膜果实品质均存在差异，其中可滴定酸、维生素C和总糖含量的差异无规律性，但可溶性固形物（TSS）含量均是树冠盖膜的高于不盖膜的，这可能与树冠不盖膜果园树盘土壤含水量较高有关。

3月中旬后，果实风味趋于变淡，果皮开始变软，果实留至此期采收已过迟。从果实风味来看，处理与对照果实均甜酸适中或可口、化渣，有麻味（金柑特有的呛味），总体果实品质不错且差异不大（表6-4）。

表6-4　传统栽培与避雨避寒栽培金柑果实品质的差异

果园	处理	采样日期	单果重（克）	可滴定酸含量（%）	维生素C（%）	总糖（%）	可溶性固形物含量（%）	风味
赖玉梅果园	树冠盖膜	2010.3.09	16.7	0.36	40.86	12.26	16.8	酸甜适中、化渣、有麻味
		2011.3.21	19.14	0.89	22.21	11.44	16	味浓甜酸可口
	树冠不盖膜	2010.3.09	12.6	0.67	39.43	11.12	16	化渣
		2011.3.21	15.55	0.83	30.09	10.87	14	酸甜适中、肉质较脆
赵土养果园	树冠盖膜	2010.3.09	17.25	0.56	33.87	12.35	17.6	甜酸适中、化渣、有麻味
	树冠不盖膜	2010.3.09	14.45	0.51	33.87	12.33	16.4	甜酸适中、化渣、有麻味
雷六三果园	盖膜	2010.3.09	13.5	1.12	45.32	13.1	18.4	酸甜适中、味浓、化渣、有麻味
	树冠不盖膜	2010.3.09	17.05	0.38	40.86	13.45	18.2	甜酸可口、化渣、有麻味

1.**果实可溶性固形物含量的变化**　试验结果（图6-8）表明，在留树贮藏期间，盖膜与不盖膜间果实可溶性固形物含量变化趋势大致相似，在1月下旬至2月底相对较低。树冠盖膜树果实的可溶性固形物含量一直处于较高水平，从12月13日至翌年3月31日保持在13.7%～15.0%，变化幅度较小。不盖膜对照树从12月13日至翌年3月31日，果实可溶性固形物含量在3.5%～16.0%之间波动，变化幅度大于盖膜树，而且除了12月13—21日、2月9日稍低于盖膜树外，其余时间均高于盖膜树，特别是在3月11—31日期间，提高至15.0%～16.0%。导致这种变化的原因，可能与不盖膜树的光照条件好，后期着果少有关。

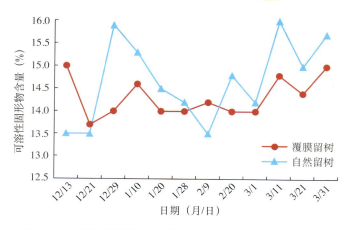

图6-8　金柑树冠盖膜与不盖膜果实可溶性固形物含量变化

2.果实总糖含量的变化　不盖膜留树贮藏树的果实总糖含量在大部分时段内高于盖膜。从12月13日至翌年3月31日，盖膜的果实总糖含量保持在10.33%～11.49%，变化幅度较小；不盖膜的果实总糖含量除12月13日低至6.14%外，12月21日到翌年3月31日保持在10.52%～12.07%（图6-9）。

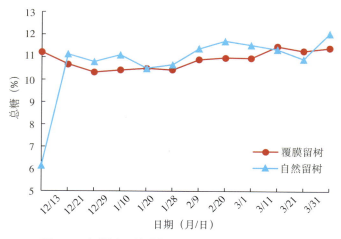

图6-9　金柑树冠盖膜与不盖膜果实总糖含量变化

3.果实可滴定酸含量的变化　不管是盖膜还是不盖膜，果实可滴定酸含量在12月13日至翌年3月31日期间的变化情况基本一致，呈现为前低后高的总趋势。盖膜果实的酸含量在1月10日前在0.41%～0.72%之间波动，此后基本保持上升趋势，至3月31日达0.92%。不盖膜果实酸含量在2月9日前在0.42%～0.63%之间波动，此后一直走高，至3月31日达1.1%（图6-10）。

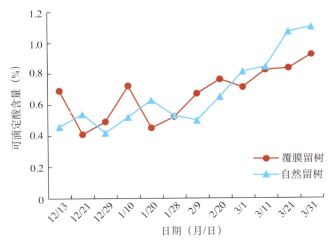

图6-10　金柑树冠盖膜与不盖膜果实可滴定酸含量变化

4.果实固酸比与糖酸比的变化　果实固酸比与糖酸比是影响果实品质的重要指标，固酸比与糖酸比较高，说明果实可溶性固形物含量与总糖含量较高，可滴定酸含量较低，风味较甜且浓。盖膜与不盖膜果实的固酸比变化趋势一致，整体上为前高后低，前期波动明显，后期总体表现为较稳定的下降趋势。盖膜果实的固酸比从1月20日开始呈持续下降趋势，不盖膜的在2月9日后呈明显持续下降趋势（图6-11）。果实盖膜与不盖膜的糖酸比变化趋势基本相同，且与各自固酸比变化较同步（图6-12）。

5.果实维生素C含量的变化　盖膜与不盖膜果实的维生素C

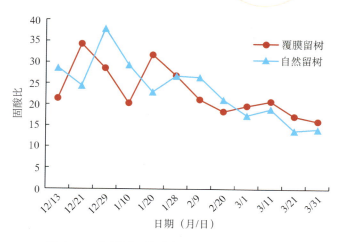

图6-11　金柑树冠盖膜与不盖膜果实固酸比变化

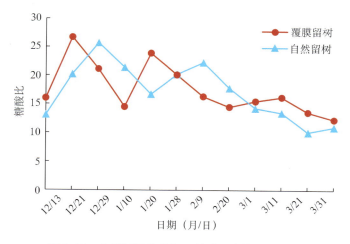

图6-12　金柑树冠盖膜与不盖膜果实糖酸比变化

含量变化趋势类似，大致在1月28日前表现为波动明显，但以不盖膜的波动幅度较大，此后总体呈持续下降趋势（图6-13）。

　　综上所述，树冠盖膜能使留树贮藏金柑果实在成熟后保持较高、较稳定的可溶性固形物含量，维生素C及总糖含量变化亦较

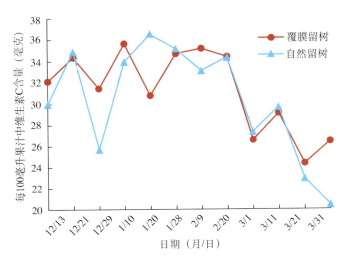

图6-13　金柑树冠盖膜与不盖膜果实维生素C含量变化

小。12月至翌年3月，树冠盖膜与不盖膜的果实可滴定酸含量均呈现前低后高的走势，这与柑、橙和柚类果实成熟后可滴定酸含量呈下降趋势完全不同。树冠盖膜与不盖膜果实的固酸比或糖酸比的变化趋势基本相同，前期均呈现双峰波动曲线，只是时间先后不同，后期呈现持续下降趋势。金柑避雨避寒栽培延长其留树保鲜期至翌年3月时，果实品质仍然得以保持，没有出现明显下降，更无劣变现象。

（四）提高鲜果销售价格

采用避雨避寒栽培技术后，金柑避免了传统栽培时必须在11—12月采收的无奈，果实得以留树保鲜，采收期显著延长，因此果实品质得到改善，避免了集中上市，所以，销售价格显著提高。根据十多年来在广西的调查结果可知，树冠不盖膜果实的价格为3.0～8.0元/千克，而树冠盖膜即避雨避寒栽培的高达5.0～14.0元/千克（表6-5）。

表6-5　传统栽培与避雨避寒栽培金柑鲜果价格对比

年　份	传统栽培 （元/千克）	避雨避寒栽培 （元/千克）	避雨避寒比传统栽培提高 （%）
2009	4.0 ~ 5.0	8.0 ~ 10.0	100.0
2010	4.0 ~ 5.0	7.0 ~ 10.0	75.0 ~ 100.0
2011	3.0 ~ 5.0	5.0 ~ 8.0	60.0 ~ 66.7
2012	3.5 ~ 7.0	6.0 ~ 12.0	71.4
2013	3.0 ~ 8.0	6.4 ~ 14.0	75.0 ~ 133.3
2014	3.2 ~ 7.6	7.0 ~ 10.0	31.6 ~ 118.8
2015	3.0 ~ 6.0	6.6 ~ 12.0	100.0 ~ 120.0
2016	4.0 ~ 7.0	7.0 ~ 11.0	57.1 ~ 75.0
2017	4.2 ~ 7.0	7.0 ~ 11.2	60.0 ~ 66.7
2018	3.8 ~ 6.8	7.4 ~ 12.0	76.5 ~ 94.7
2019	4.0 ~ 7.0	7.0 ~ 11.6	65.7 ~ 75.0
2020	4.3 ~ 7.2	7.3 ~ 11.7	62.5 ~ 69.7
2021	4.2 ~ 7.2	7.5 ~ 11.8	63.9 ~ 78.6
2022	4.2 ~ 7.0	7.4 ~ 12.0	71.4 ~ 76.2

（五）提高经济效益

　　虽然避雨避寒栽培增加了相应的投资，但由于保证了果实不受伤害，果实品质得到改善，而且延长了果实采收上市期，销售价格也显著提高，因此，扣除所增加的投资后，产值和利润均明显提高。在此，我们以金柑避雨避寒栽培为例概述如下。

　　1.避雨避寒栽培增加的投资　根据调查结果，金柑避雨避寒栽培的第一年主要增加了搭建避雨避寒大棚所需要的竹片、竹桩、竹竿、薄膜、尼龙绳和搭棚人工，共计投资1 038.0元（表6-6）。翌年2、3月采果后，只将尼龙绳解掉，拆下薄膜卷起留存，当年

12月份盖膜时第二次用，而搭好的棚架不拆，留在果园待第二次使用，所以金柑避雨避寒栽培增加的投资主要在第一年，第二年只增加了尼龙绳、拆膜和盖膜人工费共56.4元，两年合计增加投资1 094.4元。棚架和大棚膜一般只能使用两次，从第三年开始要用新的棚架和大棚膜。近几年来，部分果园采用热镀锌钢管搭架，虽然一次性投资较大，但是，由于使用周期长达15年以上，折旧下来，所增加的成本并不大。

表6-6　金柑避雨避寒栽培第一年每亩增加的投资

序号	项目	规　格	数量	单价（元）	小计（元）
1	竹片	长5米	68条	1.2	81.6
2	竹桩	高1.2米	136米	0.7	95.2
3	竹竿	长7～8米	20条	4	80
4	薄膜	5米×140米	50千克	13	650
5	尼龙绳				8.8
6	搭棚人工费	68株/亩	68株	1.8	122.4
	合计				1 038

2.避雨避寒栽培增加的产值与经济效益　传统栽培的金柑由于树冠不盖膜，到了12月果实开始成熟时必须及时集中采收上市，以免因降雨、冰冻造成裂果落果。但因此时采收的果实未完全成熟，果皮颜色、外观不均匀（图6-14），风味不够浓甜，所以价格低，两年平均只有2.7元/千克，亩产值只有6 612.3元；而避雨避寒栽培的金柑，由于树冠盖膜后避免了果实成熟期间因降雨、冰冻造成的裂果落果现象，因此果实采收期可以延长至翌年的1—3月，故果实可充分成熟，果皮橙黄或金黄色，着色均匀（图6-15），风味浓甜，可以分期分批采收上市，所以两年平均价格高达7.25元/千克，比传统栽培的高168.52%，在产量同等的条件

图6-15　1月份时的金柑果实着色均匀，已充分成熟

图6-14　12月份时的金柑果实着色不均匀

下，亩产值达到18 085.85元，比树冠不盖膜的增加11 473.55元/亩，增幅达到173.52%（表6-7）。

表6-7　金柑避雨避寒栽培与对照果园的产值对比

项目	年份	株产量（千克/株）	亩产量（千克/亩）	采收期	销售价格（元/千克）	产值（元/亩）
树冠不盖膜	2009	35	2 905	11—12月	2.4	6 972
	2010	30.65	2 084.2	11—12月	3	6 252.6
	平均	32.83	2 494.6		2.7	6 612.3
树冠盖膜	2009	35	2 905	翌年1—3月	6.5	18 882.5
	2010	30.65	2 084.2	翌年1—3月	8	16 673.6
	平均	32.83	2 494.6		7.25	18 085.85
树冠盖膜比不盖膜增加					4.55	11 473.55

四、避雨避寒栽培现状

（一）应用区域

20多年来，金柑避雨避寒栽培技术的应用越来越受到广大果农的欢迎和重视，其应用范围迅速扩大，从20世纪90年代最初在广西阳朔县的少量金柑园采用后，到21世纪初迅速普及，至2007年阳朔县几乎所有金柑园都已应用（图6-16），之后广西融安县、灵川县的金柑园开始逐步采用这项技术。避雨避寒栽培技术在金柑上的成功，很快就在沙糖橘、马水橘、沃柑、W·默科特等越冬品种上得到迅速大范围的应用，之后在四川、重庆等地的部分越冬杂交柑上应用。所用区域均取得了显著的提质增效效果。

图6-16　阳朔县金柑避雨栽培一角

（二）应用面积

在广西，金柑避雨避寒栽培面积约35万亩。

（三）存在问题

（1）除棚架式盖膜外，其他盖膜架式在盖膜后一旦发生红蜘蛛、木虱、蚜虫、炭疽病等病虫危害需要喷药时，操作不方便。

（2）金柑过分延期采收对翌年的春梢萌发时间、树势会产生不同程度的不利影响。

（3）开始盖膜的时间较难确定，特别是金柑盖膜的时间，盖得过早容易因高温灼伤树冠顶部的枝叶和果实（图6-17），盖得太迟又容易因降雨或霜冻提前到来造成裂果和落果（图6-18）。

图6-17　盖膜过早致金柑枝叶和果实灼伤

图6-18　冰冻来临前未盖膜致叶片与果实冻伤、落果

（4）在冬季气温较高的产区或年份，直接盖膜容易因高温、日照灼伤树冠顶部的部分果实和枝叶。

（5）在冬季霜冻或冰冻严重的果园，直接盖膜往往会导致树冠顶部果实出现不同程度的冻伤。

五、避雨避寒栽培技术

（一）覆盖薄膜的时期

开始覆盖薄膜的时间在低温霜冻到来前的11月中下旬至12月上旬。盖膜过早会因气温仍然较高容易导致叶片和果实被灼伤（图6-19），既影响产量又影响枝梢，更严重的是会导致花费大量人工将薄膜掀开，以通风降温；盖膜太迟，又恐怕会遭受12月上中旬低温霜冻的危害。因此，具体的盖膜时间要因地制宜，根据当地的气温、往年的经验特别是气象部门的长期天气预报来确定，总之，宜早不宜迟，尽量做到既不过早又不过迟。

图6-19　11月份高温盖膜致果实和枝叶灼伤

（二）覆盖薄膜前的准备工作

1.覆膜材料准备　在10月上中旬果实着色前准备好搭架用的木条、竹子和薄膜，提前在果园立好桩子，固定拱架，备好薄膜、塑料绳等所需材料。在经济条件允许的情况下，可考虑一次性购买热镀锌钢管或自己浇铸的钢筋混凝土柱子作为搭架用的柱子、拱杆材料，以免除常年的搭架、拆架之麻烦。

2.覆盖时间　可在11月下旬至12月上旬，在果实进入着色期开始盖膜，最好待这一时期的第一次降雨后盖膜。

3.覆盖薄膜的规格　可选用厚度为0.06～0.08毫米的白色或蓝色无滴大棚膜作为树冠覆盖的薄膜，膜的宽度视树冠大小而定，树冠小的树使用4～5米宽幅膜，树冠大的树使用6～8米宽幅膜。

4.盖膜前的施肥　在9月下旬前趁雨后在树的两侧挖长100～150厘米、深20～30厘米、宽30～40厘米的坑，视树的大小，株施腐熟牛粪25～30千克、花生麸1.0～1.5千克、钙镁磷肥0.5～1.5千克，或株施虾肽有机肥4.0～6.0千克＋复合肥0.5～1.0千克或商品有机肥2.5～3.0千克＋复合肥0.5～1.0千克，回填时将肥料与土充分拌匀。

5.覆盖前的病虫害防治　在盖膜前2～3天，可选用以下有效药剂全园喷雾，综合防控红蜘蛛、炭疽病等病虫害：

（1）5％噻螨酮乳油1 500倍液或20％四螨嗪可湿性粉剂1 500倍液＋73％炔螨特乳油2 000倍液和25％咪鲜胺乳油500～600倍液。

（2）金螨危（螺虫乙酯30％＋乙螨唑15％）8 000～12 000倍液＋60％吡唑醚菌酯·代森联水分散粒剂（百泰）1 000倍液或80％代森锰锌可湿性粉剂600倍液。

（3）43％联苯肼酯悬浮剂2 000～2 500倍液＋60％吡唑醚菌酯·代森联水分散粒剂（百泰）1 000倍液或80％代森锰锌可湿性粉剂600倍液。

（4）20％阿维螺螨酯悬浮剂1 000～2 000倍液＋60％吡唑醚菌酯·代森联水分散粒剂（百泰）1 000倍液或80％代森锰锌可湿性粉剂600倍液。

（三）覆盖薄膜的架式

1.直接覆盖　直接将塑料薄膜盖到树冠上。这种覆盖方式常用于幼龄果园或树冠高大的老果园。优点：经济、简易、省工省料。缺点：顶部枝叶、果实容易因高温灼伤或低温冻伤，薄膜容易被刺破，不抗风，不方便盖膜期间的采果与喷药（图6-20）。

图6-20　金柑直接盖膜

2.倒U形拱架式覆盖　沿行向搭成倒U形拱架，再将塑料薄膜盖到倒U形拱架上。适用于平地或地势平坦的果园。优点：不伤果及枝叶，比较牢固，抗风，盖膜期间采果、喷药方便。缺点：费材、费工（图6-21）。

图6-21　金柑倒U形拱钢架

3.倒V形架式覆盖 沿行向搭成倒V形架，再将塑料薄膜盖到V形架上。常用于树冠比较矮小的果园。优点：省工、省料。缺点：抗风能力较差，盖膜期间采果与喷药不方便（图6-22）。

图6-22 金柑树冠倒V形盖膜架式

4.拱棚式覆盖 沿行向每两行搭一座拱棚，再将塑料薄膜盖到拱棚上（图6-23）。适用于平地或平坦果园。优点：相当牢固，抗风雪，不但能避雨，还能保温，方便采果与喷药。缺点：费工费材，成本较高，不适用于树冠高大的老果园。

图6-23 金柑拱棚式盖膜

（四）覆盖薄膜的技术

1. 直接覆盖 沿行向直接将薄膜盖到树冠上，树冠下部不用盖膜，膜的长度、宽度以基本能覆盖整行树冠为宜，薄膜的四个角用塑料绳绑扎后固定在行间的木桩或竹桩上，其他地方每隔2～3米用塑料绳拉紧，两侧分别固定在行间的另一行的木桩或竹桩或树干上（图6-24、图6-25）。

图6-24　金柑树冠直接盖膜方法

图6-25　金柑树冠直接盖膜状

2. 倒U形拱架式覆盖 先沿行向在两行间的空地每隔3米左右在外一行树冠的两侧，各打一个高出地面60～150厘米的木桩或竹桩，再选若干长竹片，拱成倒U形，两端绑缚在桩上，再在拱形架上覆盖薄膜。或直接用热镀锌管弯成U形架，架两端插入两行树的两侧地面固定，再在钢架上盖上薄膜。或沿行向每隔3米左右在株间或树冠中间紧靠主干立一根高出树冠顶部约20厘米的木、竹或热镀锌管支柱，沿行向的各条支柱间用细长光滑的竹条或热镀锌管连接。在每条支柱两侧的行间空地上各打一个高出地面60～150厘米的木桩或竹桩，选若干长竹片拱成倒U形，在每条支柱处从竹条上垂直跨过竹条，拱形竹片的两端绑缚在行间的木桩或竹桩上，再在拱形架上覆盖薄膜。

薄膜的长度、宽度以能覆盖整行树的果实为宜，膜的四个角用塑料绳绑扎后固定在行间的木桩或竹桩上，其他地方每隔2～3米用塑料绳拉紧，两侧分别固定在木或竹桩上（图6-26）。树的外侧各留出适当的空间不盖膜，用于通风（图6-27）。

图6-26　金柑树冠倒U形盖膜方法

3.倒V形架式覆盖

沿行向每隔3米左右在株间或树冠中间紧靠主干立一根高出树冠顶部约20厘米的木、竹或热镀锌管支柱，沿行向的各条支柱间用细长光滑的竹条或热镀锌管连接或拉一条8号以上的铁丝并绑扎牢固，将薄膜覆盖在架上，薄膜的四个角及中间每隔2～3米长在两侧用塑料拉绳固定在行间的木桩或竹桩上，使膜形成倒V形（图6-28、图6-29）。

图6-27　金柑树冠倒U形盖膜状

图6-28　金柑树冠倒V形盖膜方法

图6-29　金柑树冠倒V形盖膜状

4. 拱棚式覆盖　沿行向每2行树用一座钢架拱形大棚或竹片搭成的拱形大棚搭架，架上再覆盖塑料薄膜。大棚的宽度约6米，长度依行长而定，棚肩高2米左右，棚顶高出树冠顶部50厘米以上，棚拱形骨架的间距2～3米。盖膜后沿大棚纵向连接管的上方用压膜绳将薄膜压紧（图6-30、图6-31）。

图6-30　金柑树冠拱棚式盖膜方法

图6-31　金柑拱棚式盖膜状

不管采用哪一种方式盖膜，都要注意在盖膜前选择的薄膜长宽要合适，务必选择能将果实盖在膜内的薄膜宽度，以免果实露

在膜外容易受霜冻、冰冻、大风等的危害（图6-32）；同时，如果树冠太大，使用最宽的薄膜都难以盖住果实时，可以用绳子将薄膜的两侧尽量往外拉伸，尽最大限度盖住果实（图6-33）。

图6-32　薄膜过短导致冰冻危害

图6-33　用绳索拉伸不够宽的薄膜

六、覆膜期间的管理

1.预防高温灼伤枝叶和果实　在树冠覆盖薄膜后，当出现晴

天高温天气时，要及时将直接覆膜或单株拱棚式覆盖架式所盖薄膜揭开，待高温天气过后再将薄膜重新盖上。采用其他方式覆盖的应将每行树两端的薄膜掀起通风降温，待高温天气过后再将薄膜重新盖好。

2.防大风、冰雪或冰雹 盖膜期间遇到大风时，在大风过后及时检查薄膜被吹开或吹破情况，并及时补好或盖好吹破、掀开的薄膜；遇到降雪时，及时将薄膜上的积雪除掉（图6-34），以免积雪过厚过重压垮棚架、损坏薄膜；若遇冰雹天气即将出现时，应提前采果销售，以免冰雹砸烂薄膜、损伤果实，造成不必要的损失。

3.及时防治病虫害 盖膜期间，若发生红蜘蛛、炭疽病等病虫，应及时选用有效药剂防治。

图6-34　及时抖落薄膜上的积雪

七、果实采收时期

果实成熟后，依据市场行情、天气，分批采果销售。一般可在11月中下旬开始采收，直至翌年3月结束。

八、采果后的管理

（一）及时拆除薄膜或棚架

果实采收后，及时将薄膜拆下卷好放室内存放，留翌年使用。

棚架是否拆除视所用材料及使用年限而定。采用钢筋混凝土和钢管搭建的棚架属于永久式棚架,无须拆除;采用竹、木搭建的棚架,考虑到雨淋日晒容易老化损坏,可将横跨行向的竹片拆除置室内或避雨避晒阴凉处存放。

(二)施肥

在2—3月采果后,及时沟施一次大、中量元素速效肥料及有机肥,以恢复树势,促进春梢萌发、生长及开花结果。可根据树龄、树势、产量、土壤等具体情况,株施优质有机肥3～5千克+复合肥0.25～1.0千克,同时淋施1～2次水肥。

(三)修剪

一是疏剪直径1厘米以上的交叉枝;二是疏剪枯枝、病虫枝、贴近地面的下垂枝;三是疏剪短、细、弱枝;四是适当短剪结果枝、落花落果枝、徒长枝和末级营养枝(图6-35),改善果园通风透光条件,为壮花壮果、高产优质高效栽培创造条件。

图6-35 采后短剪长枝

（四）冬季或春季清园

由于树冠盖膜、果实留树保鲜期间无法进行冬季清园工作，因此，在采果后，应及时进行冬季或春季清园工作，重点防控柑橘黄龙病、炭疽病、黑星病、疮痂病、红蜘蛛、锈蜘蛛、蚜虫、木虱等病虫害，全园喷1次杀虫杀菌剂，降低越冬病虫基数。有效药剂：

（1）金螨危（螺虫乙酯30％＋乙螨唑15％）乳油8000～12000倍液＋60％吡唑醚菌酯·代森联水分散粒剂（百泰）1000倍液或80％代森锰锌可湿性粉剂600倍液。

（2）43％联苯肼酯悬浮剂2000～2500倍液＋60％吡唑醚菌酯·代森联水分散粒剂（百泰）1000倍液或80％代森锰锌可湿性粉剂600倍液。

（3）20％阿维螺螨酯悬浮剂1000～2000倍液＋60％吡唑醚菌酯·代森联水分散粒剂（百泰）1000倍液或80％代森锰锌可湿性粉剂600倍液。

（4）80％代森锰锌可湿性粉剂500倍液＋20％阿维螺螨酯悬浮剂1000～2000倍液或金螨危（螺虫乙酯30％＋乙螨唑15％）8000～12000倍液。

（5）25％咪鲜胺乳油500～600倍液＋20％阿维螺螨酯悬浮剂1000～2000倍液或金螨危（螺虫乙酯30％＋乙螨唑15％）8000～12000倍液。

（6）10％苯醚甲环唑水分散粒剂2000倍液＋金螨危（螺虫乙酯30％＋乙螨唑15％）8000～12000倍液或43％联苯肼酯悬浮剂2000～2500倍液。

（7）30％苯醚甲环唑·丙环唑乳油3000～3500倍液＋金螨危（螺虫乙酯30％＋乙螨唑15％）8000～12000倍液或43％联苯肼酯悬浮剂2000～2500倍液。

（8）25％嘧菌酯悬浮剂600～1000倍液＋43％联苯肼酯悬浮

剂 2 000 ～ 2 500 倍液或金螨危（螺虫乙酯30% + 乙螨唑15%）乳油 8 000 ～ 12 000 倍液。

同时，及时砍伐柑橘黄龙病树。

（五）松土

在完成采果、施肥与修剪工作后，将已板结的全园土壤浅松一次，深度15厘米左右。

第七章
主要病虫害及其防治

一、主要病害及其防治

危害金柑的主要病害有柑橘黄龙病、炭疽病、黑星病、流胶病、灰霉病、线虫病、脚腐病、煤烟病等。

（一）柑橘黄龙病

柑橘黄龙病是一种毁灭性病害，对金橘生产的危害极为严重，迄今只能防不能治。在管理正常的金柑园，柑橘黄龙病发生率较低，这与金柑结果早、主要抽春梢，夏秋梢抽出少或根本抽不出有关。但失管果园的发病率仍然较高。

1.病原及传播　柑橘黄龙病又名黄梢病，病原为细菌，细菌寄生在柑橘韧皮部筛管细胞内，为革兰氏阴性菌。柑橘黄龙病可通过柑橘木虱传播或嫁接传播，但不能通过汁液摩擦、土壤、流水、风雨传播，带病苗木、接穗的流通是该病远距离传播的主要途径。

2.症状　发病初期，先是一个大枝或半株树势衰退，逐步全株衰退，春梢叶片逐年变小。在树冠上有几枝或少部分新梢的叶片退绿，呈现明显的"黄梢"，随之病梢的下段枝条和树冠其他部位的枝条相继发病。该病全年均可发生，春、夏、秋梢和果实均

可表现症状。在田间，黄龙病黄化叶片可分为3种类型：

（1）均匀黄化。初期病树和夏、秋梢发病的树上多出现，叶片呈现不同程度的均匀黄化（图7-1、图7-2）。

（2）斑驳型黄化。叶片呈现黄绿相间的不均匀斑块状，斑块的形状和大小不一。从叶脉附近，特别易从中脉基部和侧脉顶端附近开始黄化，逐渐扩大形成黄绿相间的斑驳，最后全叶呈黄绿色黄化。这种叶片在春、夏、秋梢病枝上（图7-3），以及初期和中、晚期病树上都较易找到。

图7-1 金柑黄龙病均匀黄化叶片

图7-2 秋梢初期均匀黄化病梢

图7-3 斑驳型黄化叶片

斑驳型黄化叶在秋梢期容易见到，症状明显，故常作为田间诊断黄龙病树的依据。

（3）红鼻子果（图7-4）。即在病果果蒂附近普遍高肩并呈橙红或橙黄色，其余部位暗绿或浅绿色，病果往往偏小。由于"红鼻子果"易在田间区别于健康果，通常被作为诊断病树的标准之一。

图7-4　金柑红鼻子果

3.防治方法

（1）严格实行检疫制度。禁止病区的接穗和苗木流入新区和无病区，育苗全部采用无病接穗嫁接，种植一律采用无病苗木。

（2）建立无病苗圃，培育、种植无病苗木，从源头上阻隔病源。无病苗圃必须具备隔离条件，如在防虫网室内建立苗圃，并确保砧木、接穗不带病，全程处在防虫网的保护之下。在建立苗圃前，先铲除附近病树及九里香等柑橘木虱的寄主。

（3）严格监控并及时喷杀柑橘木虱，减少病原的传播。平时注意巡查果园，发现木虱卵、若虫或成虫时，及时喷药杀灭。

（4）及时挖除病树，消灭病源。黄龙病以秋梢老熟后的9—12月或果实成熟期间最易鉴别，最好在采果前逐株普查，以斑驳型黄化叶片和"红鼻子果"为诊断病树的主要症状，一旦发现病株立即砍伐。但砍树前须先喷药杀死柑橘木虱，以免砍树震动及病树运输时将木虱驱散到其他健康树和果园，人为加快黄龙病的扩散蔓延。病树砍伐挖除后，可及时用无病苗木补种。如只砍伐地上部分，树桩仍然保留，则应及时用除草剂原液淋在主干锯口切面（可在切面锯2～3条交叉凹槽，以免药液流出），并用黑色薄膜包扎严实避光（图7-5），使其根系枯死，避免抽出嫩梢供木虱栖息、危害、传播病菌。

（5）加强管理。保持树势健壮，提高抗病力，通过抹芽控梢，促梢抽发整齐，每次梢抽发期要及时喷药保护。

（6）联防联控，确保防效。在集中连片种植的区域、果园或村屯，每年秋冬季统一普查、砍伐一次黄龙病树；每次喷杀木虱、砍病树时统一行动，做到统一时间，统一喷药，统一消除病源，控制传病昆虫，确保防控效果。

图7-5　金柑黄龙病树桩的处理

（二）柑橘炭疽病

1.病原及传播　柑橘炭疽病是一种真菌性病害，病原菌无性阶段为半知菌类炭疽菌属胶孢炭疽菌，有性阶段为子囊菌亚门小丛壳属围小丛壳菌。病菌以菌丝体和分生孢子在病组织中越冬。分生孢子借风雨和昆虫传播，在适宜的环境条件下萌发产生芽管，从气孔、伤口或直接穿透表皮侵入寄主组织。炭疽病菌是一种弱寄生菌，健康组织一般不会发病。但发生严重冻害，或由于耕作、移栽、长期积水、施肥过多等造成根系损伤，或早春低温潮湿、夏秋季高温多雨、肥力不足、干旱、虫害严重、农药药害等造成树体衰弱，或由于偏施氮肥后大量抽发新梢和徒长枝，均能助长病害发生。柑橘炭疽病在整个金柑生长季节均可发生，一般春梢期发生较少，夏、秋梢期发生较多。在高温干旱淋水喷树冠、盖膜后湿度过大或遇南风天气时均容易发病，以急性炭疽病为主，主要危害树冠中下部近地面的枝梢、果实。

2.症状　柑橘炭疽病可危害金柑地上部的各个部位及苗木。在高温多雨的夏初和暴雨后发病特别严重，以夏、秋梢上发生较多。

（1）叶片症状（图7-6）。
分为急性型和慢性型两种。急
性型来势凶猛，扩散迅速，多
在叶尖处开始发生，病斑暗绿
色至黄褐色，似热水烫伤，整
个病斑呈V形，湿度大时有许
多红色小点，病叶很快大量脱
落；慢性型常发生在叶片边缘
或近边缘处，病斑中央灰白

图7-6　金柑叶片炭疽病症状

色，边缘褐色至深褐色，湿度大时可见红色小点，干燥时则为黑
色小点，排列成同心轮状或呈散生状态，病叶落叶较慢。

（2）枝干症状（图7-7、图7-8）。常在易受冻的枝梢上发生，
使枝条自上而下枯死，枯死部分呈灰白色，上有黑色小点，病健
部交界明显。

图7-7　金柑夏梢炭疽病症状

图7-8　金柑炭疽病病枝病叶

（3）果实症状。幼果初期症状为暗绿色不规则病斑，以后扩
大至全果，湿度大时常有红色小点，最后变成黑色僵果但不掉落。
大果症状有干疤型、泪痕型和软腐型：干疤型在果腰部较多，呈
近圆形黄褐色病斑，病组织不侵入果皮；泪痕型在果皮表面有一
条条如眼泪一样的病斑；软腐型在采收贮藏期间发生，一般从果
蒂部开始，初期为淡褐色，以后变为暗褐色而腐烂。

3. 防治方法

（1）加强栽培管理。增施有机肥，适当增施钾肥，不偏施氮肥；及时排水，避免积水。做好冬、春季清园工作，剪除病枝、病果及近地面的枝梢，清除地面的落叶、落果，集中烧毁。

（2）高温干旱浇水时不要直接喷到树冠上。

（3）药剂防治。保护新梢，在春、夏、秋梢期各喷药 1 次；保护幼果则在落花后 1 个半月内进行，每隔 10 天左右喷 1 次，连续喷 2 ～ 3 次。药剂可选用 17.5% 氟吡菌酰胺 + 17.5% 戊唑醇乳油（露娜润）3 000 倍液、60% 吡唑醚菌酯·代森联水分散粒剂（百泰）1 000 ～ 1 200 倍液、68.75% 噁酮·锰锌水分散粒剂（易保）1 000 ～ 1 500 倍液、7% 啶氧菌酯 + 12% 丙环唑（法砣）悬浮剂 1 500 倍液、80% 代森锰锌可湿性粉剂 500 ～ 800 倍液、80% 丙森锌可湿性粉剂 600 倍液、45% 咪鲜胺水乳剂 1 500 ～ 2 000 倍液、25% 咪鲜胺乳油 600 倍液、25% 苯醚甲环唑乳油 2 500 ～ 3 000 倍液、16% 咪鲜胺·异菌脲悬浮剂 750 ～ 1 000 倍液。

（三）柑橘灰霉病

1. 病原及传播

灰霉病菌为灰葡萄孢霉真菌，病部鼠灰色霉层即其分生孢子梗和分生孢子。病菌靠气流传播，病菌以菌核及分生孢子在病部和土壤中越冬，由气流传播。花期、幼果期阴雨天气多发病重，开花期降雨导致灰霉病严重，产生大量"花斑果"。天气干燥，发病轻或不发病。

2. 症状

主要危害花瓣，也可危害嫩叶、幼果及枝条，引起花腐、枝枯，降低坐果率，并能导致果实在贮藏期腐烂。

开花期间遇阴雨天气，受感染的花瓣先出现水渍状小圆点，后迅速扩大为黄褐色的病斑，引起花瓣腐烂，长出灰黄色霉层；花瓣与嫩叶、幼果接触时会引起后者发病，幼果易脱落。如遇干燥天气，则变为淡褐色干枯状（图 7-9）。当发病的花瓣与嫩叶、幼果或有伤口的小枝接触时，则可使其发病。嫩叶上的病斑在潮湿天气时，呈水渍状软腐，干燥时病斑呈淡黄褐色，半透明。不脱落的幼果，表皮后期木栓化（图7-10），或稍隆起，形状不规则（图7-11），会引发大量的"花斑果"（图7-12）。小枝受害后常枯萎。

图7-9　灰霉病花症状

图7-10　幼果果皮木栓化

图7-11　灰霉病幼果症状

图7-12　花斑果

3.**防治方法**　防治适期为萌芽期、开花前、谢花后、幼果期。每个防治适期喷1～2次，2次间隔15～20天。

（1）清园。冬季或早春结合修剪，剪除病枝病叶烧毁。花期发病时，及时摘除病花、病果并集中烧掉。

（2）摇花。花期、幼果期，遇到持续阴雨天气、花瓣不容易掉落时，通过人工或无人机摇动花枝或树冠振落花瓣，可减轻或避免危害。

（3）药剂防治。开花前结合疮痂病等的防治用68.75%噁酮·锰锌水分散粒剂（易保）1 000～1 500倍液、80%代森锰锌可湿性粉剂600～800倍液；谢花后至第一次生理落果期选用17.5%氟吡菌酰胺＋17.5%戊唑醇乳油（露娜润）3 000倍液、60%吡唑醚菌酯·代森联水分散粒剂（百泰）1 000倍液、80%代森锰锌可湿性粉剂600～800倍液＋25%异菌脲悬浮剂500～600倍液、80%丙森锌可湿性粉剂800～1 000倍液＋40%嘧霉胺可湿性粉剂600～700倍液。

（四）柑橘流胶病

1.病原及传播　造成柑橘流胶病的病菌有 *Phytophthora* sp.、*Fusarium* sp.、*Diplodia* sp.。病菌在枯枝上越冬，分生孢子器是翌年初次侵染的主要来源。翌年春季，环境适宜时，特别是多雨潮湿时，枯枝上的越冬病菌开始大量繁殖，借风、雨、露水和昆虫等传播。流胶病全年均可发生，但以高温多雨的6—10月发生较多。本病原菌是一种弱寄生菌，病原菌容易侵入生长衰弱或受伤的柑橘树危害。因此，柑橘树遭受冻害造成的冻伤和其他伤口，是本病发生流行的首要条件。如上年低温使树干冻伤，往往翌年温湿度适合时病害就可能大量发生。此外，多雨季节也常常造成此病大发生。不良的栽培管理，特别是肥料不足或施用不及时，偏施氮肥、土壤保水性或排水性差，各种病虫危害等造成树势衰弱，都容易导致此病的发生。

2.症状　近年来在金柑上发病较多。主要发生在主干上，其次为主枝，小枝上也会发生。病斑不定形，病部皮层变褐色，水渍状，并开裂、流出黄褐色胶液（图7-13、图7-14）。病树果实小，提前转黄，味酸。以高温多雨的季节发病重。在主干上发病可引起整株死亡（图7-15）。

图7-13 金柑流胶病症状

图7-14 金柑主干流胶

图7-15 流胶病致植株死亡

3.防治方法

（1）水田采用高畦栽培，低洼果园及时开沟排水，改善果园生态条件，夏季进行地面覆盖，冬夏进行树干涂白，加强对蛀干害虫的防治，避免根颈部受伤。

（2）加强管理，增施有机肥改良土壤，合理补充中微量元素肥，增强树体抗病力；在田间管理过程中，尽量不在根颈部造成伤口，以防感染。

（3）注意检查果园，发现病树及时用药治疗，做到早发现早治疗，提高防效。治疗时刮除病部及附近小部分健康树皮，深达木质部，再用药涂抹；根颈及主根发病的，可扒开表土，露出部分根系后用药淋根。可选用90%三乙膦酸铝（疫霜灵）200倍液、25%甲霜灵（瑞毒霉）200倍液、1.5%噻霉酮（菌立灭）400倍液、50%烯酰吗啉（安克）1 000倍液、0.5%香菇多糖（抑阳止）可溶液剂1 000倍液进行根颈部涂抹或淋根。

（五）柑橘线虫病

分柑橘根结线虫病和柑橘根线虫病。

1.病原及传播　柑橘根结线虫病病原是一种根结线虫，线虫以卵和雌虫越冬，由病苗、病根和带有病原线虫的土壤、水流以及被污染的农具传播。当温度在20～30℃，线虫孵化、发育及活动最盛。卵在卵囊内发育成为一龄幼虫。一龄幼虫孵化后仍藏于卵内，经一次蜕皮后破卵而出，成为二龄侵染虫，活动于土中，等待机会侵染柑橘树的嫩根。二龄幼虫侵入根部后，在根皮和中柱之间危害，并刺激根组织过度生长，形成不规则的根瘤。幼虫在根瘤内生长发育，再经3次蜕皮，发育成为成虫。雌雄虫成熟后交尾产卵，卵聚集在雌虫后端的胶质囊中，卵囊的一端露在根瘤外。此线虫一年可发生多代，能进行多次重复侵染。

柑橘根线虫病病原是一种半穿刺线虫属的线虫，卵在卵壳内孵化发育成一龄幼虫，蜕皮后破壳而出，即二龄侵染幼虫。雄幼虫再蜕皮3次变为成虫。雌虫直至穿刺根之前，都保持细长形，一旦以颈部穿刺根内，固定危害后，露在根外的体躯迅速膨大，生殖器发育成熟，并开始产卵。柑橘根线虫幼虫在须根中的寄生量以夏季最少，冬春最多，而雌成虫对须根的寄生量，周年基本均匀。土壤温度对该线虫的活动和发生有影响，25～31℃为侵染的最适温度，在15℃和35℃有轻微侵染，温度低于15℃，线虫不活动，但不死亡。根线虫在土中的分布，以深10～30厘米的土层为最多。土壤结构影响该线虫的生殖率，含有50%黏土的土壤，线虫生殖率很低，含有10%～15%黏土的土壤，线虫生殖率最高。土壤pH在6.0～7.7之间，有利于线虫繁殖。

2.症状 发病根的根皮轻微肿胀，根皮表层皮易剥离，须根结成饼团状（图7-16）；地上部分表现抽梢少、叶片小、叶缘卷曲、黄化、无光泽、开花多而挂果少、产量低；发病重时枝枯叶落，根系严重腐烂（图7-17），严重的会引起整株枯死。

图7-16 线虫危害症状（全金成提供）

图7-17 线虫危害导致新根根尖肿大、叶片黄化（李柳洪提供）

3.防治方法

（1）**严格检疫**。购买苗木时加强检疫，严禁在受柑橘线虫病危害的病区购买有可能感染了线虫的苗木。对无病区应加强保护，严防病区的土壤、肥、水和耕作工具等易带线虫物带至无病区。

（2）**选育抗病砧木**。选育能抗柑橘线虫病的砧木，是目前解决在病区发展种植柑橘较有效的办法。根据当地栽培条件，通过对多种适宜的砧木进行比较试验，培育和筛选出抗柑橘线虫病强的砧木。

（3）剪除受害根群。在冬季结合松土晒根，在病株树盘下深挖根系附近土壤，将被根结线虫病危害的有根瘤、根结的须根团剪除集中烧毁，保留无根瘤、根结的健壮根和水平根及较粗大的根，同时撒施石灰后进行翻土。

（4）加强肥水管理。对病树采用增施有机肥特别是含甲壳素类有机肥，并加强其他肥水管理措施，以增强树势，减轻危害。

（5）生物防治。在春梢萌芽前和放秋梢前，将病株树盘下根系附近土壤挖开，剪除受害根群，选用厚孢轮枝菌微粒剂按树冠投影面积20～40克/米^{2}或淡紫拟青霉颗粒剂按树冠投影面积20～40克/米^{2}与适量有机肥拌匀后撒施于裸露的根系上面，然后培回表土。

（6）药物防治。在挖土剪除病根、覆土过程中均匀混施药剂或在树冠滴水线下挖深15厘米、宽30厘米的环形沟，灌水后施药并覆土，药剂可选用1.8%阿维菌素乳油1 000～1 500倍液或6%改性硅酸镁铝·抗线激酶素粉剂（线煌）300～500倍液或1.8%改性硅酸镁铝水溶液（橘透）500～1 000倍液10～15千克/株；或用1%阿维菌素颗粒剂1.5～2千克/亩或用10%噻唑磷颗粒剂1.5～2千克/亩进行沟施、撒施后覆土。

（六）柑橘黑星病

柑橘黑星病是金柑上发生最普遍、危害最严重的病害之一，对果实的外观品质影响非常大，俗称麻子果。

1.病原及传播　有性阶段属子囊菌亚门，常见的是无性阶段，属半知菌亚门。病菌主要以子囊果和分生孢子器在病叶和病果上越冬。翌年春季散出子囊孢子和分生孢子，通过风雨和昆虫传播，在幼果和嫩叶上萌发产生芽管进行侵染。对果实的侵染主要发生在谢花期至落花后1个半月内，到果实近成熟时病菌迅速生长扩展，出现病斑，产生分生孢子，进行重复侵染，在果实表面形成小黑点。嫩叶和嫩梢上发病开始产生透明退绿的针状小斑点，以后形成类似果实表面的小黑点。

高温多湿、晴雨相间或光照不足、栽培管理不善、遭受冻害、果实采收过迟等造成树势衰弱以及机械损伤等均有利于发病。梯地果园一般在靠近梯壁一侧比外侧严重，在高大的竹子、树木旁边的果园比果园中间的植株发病严重。

2. 症状　柑橘黑星病又名柑橘黑斑病，柑橘枝梢、叶片及果实均可受害，以果实受害最严重。通常果实黑星病表现有两种类型：黑斑型和黑星型，在金柑果实上主要表现为黑星型。

（1）黑斑型。叶面或果面上初生淡黄或橙色的斑点，后扩大成为圆形或不规则的黑色大病斑，直径 1～3 厘米，中部稍凹陷，散生许多黑色小粒点（图7-18）。严重时很多病斑相互联合，甚至扩大到整个叶面或果面。

（2）黑星型。在将近成熟的果面上初生红褐色小斑点，后扩大为圆形的红褐色病斑，直径 1～5 毫米。后期病斑边缘略隆起，呈红褐色至黑色，中部灰褐色，略凹陷（图7-19）。贮运期间继续

图7-18　金柑叶片上的黑星病症状

图7-19　金柑黑星病病果（黑星型）（阳廷密提供）

发展，湿度大时可引起腐烂。叶片、枝条上的病斑与果实上的相似（图7-20、图7-21）。

图7-20　柑橘黑星病叶片症状　　图7-21　枝条上的柑橘黑星病症状

3.防治方法

（1）砍除果园周边影响光照的高大树木和竹子，改善光照条件。

（2）加强管理。施肥以有机肥为主，氮磷钾合理配比，不偏施氮肥；低洼积水果园及时排水；注重修剪，及时剪除过密枝叶，改善通风透光条件；清除初侵染源，秋末冬初结合修剪，剪除病枝、病叶，清除地上落叶、落果集中销毁。同时喷洒0.8～1波美度石硫合剂，铲除初侵染源。

（3）药物防治。在春梢萌芽期、春梢自剪期及时喷药1～2次，幼果期及时喷药3～4次。常用药剂有60%吡唑醚菌酯·代森联水分散粒剂（百泰）1 000倍液、80%代森锰锌可湿性粉剂600倍液、20%苯醚甲环唑水乳剂3 000倍液、43%戊唑醇7 000倍液、20%丙环唑2 500倍液、16%咪鲜胺·异菌脲悬浮剂750～1 000倍液、1%氨基寡糖素水剂1 000倍液，间隔15天喷1次，连喷3～4次。

（七）柑橘脚腐病

1.病原及传播 病原为柑橘褐腐疫霉和烟草疫霉，以菌丝在病部越冬，也可以菌丝或卵孢子随病残体遗留在土壤中越冬。靠雨水传播，从植株根茎侵入。病害的发生与品种、气候、栽培管理关系密切。橙类、金柑发病较重。4月中旬开始发病，6—8月气温20～30℃、湿度85%以上时发病多，10月停止发病。幼年树很少发病，十五年生以上的实生金柑发病多。在土壤黏重、排水不良、长期积水、土壤持水量过高时发病重，土壤干湿度变化大的果园、栽植过密或间作高秆作物、橘园郁蔽湿度大的发病较重，由冻害、虫害或农事操作引起伤口的易于被该病侵染。

2.症状 主要危害主干，当病部环绕主干时，叶片黄化，枝条干枯，致使植株死亡（图7-22）。主要症状发生在根颈部皮层，

图7-22　柑橘脚腐病导致侧根腐烂、植株枯死（李柳洪提供）

图7-23　柑橘脚腐病初期症状

向下危害根，引起主根、侧根乃至须根腐烂，向上发展达20厘米，使树干基部腐烂。幼树栽植过深时，从嫁接口处开始发病，病部呈不规则水渍状，黄褐色至黑色，有酒糟味，常流出褐色胶液（图7-23）。被害部相对应的地上部叶小，主、侧脉深黄色易脱落，形成秃枝，干枯。病树花特多，果实早落，残留果实小，着色早、味酸。

3.防治方法

（1）利用抗病砧木，以枳最抗病，红橘、酸橘和香橙次之，用抗病砧木育苗时应当提高嫁接口的位置。定植时须浅栽，使抗病砧木的根颈部露出地面，以减少发病。

（2）合理计划密植，中后期要及时间伐，以利通风透光，降低湿度，减少发病。

（3）改善和加强果园栽培管理。改良土壤，及时排水，防止积水，禁种高秆作物，降低果园湿度，重视天牛、吉丁虫的防治，以减少伤口；将种植过深的树主干基部的泥土扒开，让嫁接口全部露出地面，对发病较重的树，根据具体情况进行修剪，将病枝、弱枝、未成熟的枝条剪去，减少枝叶量，减少蒸腾量。

（4）靠接换砧。已定植的感病砧木植株于3—5月在主干上靠接3～4株抗病砧木。轻病树和健康树可预防病害发生；重病树靠接粗大的砧木，使养分输送正常和起到增根的效果。

（5）药物防治。每年的3—5月逐株检查，发现病树，先用刀刮去病部皮层，再纵刻病部深达木质部，间隔0.5厘米宽，并超过病斑1～2厘米，再用25％瑞毒霉400～600倍液、65％山多酚400～600倍液、2％～3％硫酸铜200倍液、甲基硫菌灵200倍液、1∶1∶10波尔多液等涂抹病部，15～20天1次，连续2～3次。也可在初发病时，选用40％疫霜灵可湿性粉剂1 000倍液、58％甲霜·锰锌可湿性粉剂800倍液、70％三乙膦酸铝·锰锌可湿性粉剂1 500倍液、50％代森锰锌可湿性粉剂1 000倍液或50％敌磺钠可湿性粉剂1 000倍液、将根系周围土壤灌透1～2次，株灌有效成分30～50克。

（八）柑橘煤烟病

1. 病原及传播　病原为真菌，超过30多种，主要有柑橘煤炱、巴特勒小煤炱、刺盾炱，其中柑橘煤炱为寄生菌，其他均为植物表面腐生菌。病菌以菌丝体、子囊壳和分生孢子器等在病部越冬。翌年孢子借风雨传播。此病多发生于春、夏、秋季，其中以5—6月为发病高峰。蚜虫、介壳虫及粉虱等害虫发生严重的柑橘园，煤烟病发生也重。种植过密、通风不良或管理粗放的果园发生严重。

2. 症状　主要发生在叶片、枝梢或果实表面，初出现暗褐色点状小霉斑，后继续扩大呈绒毛状的黑色霉层，似黏附着一层烟煤，后期霉层上散生许多黑色小点或刚毛状突起物（图7-24）。

图7-24　柑橘煤烟病症状

3.防治方法

(1) 适当稀植，注重修剪，剪除交叉、荫蔽枝，使果园通风透光良好，减轻发病。

(2) 喷药防治蚜虫、介壳虫及粉虱等害虫，是防治该病的关键。

(3) 在发病初期和冬季清园时可喷99%绿颖机油乳剂200倍液防治，连续喷两次，两次间隔一周效果较好。

（九）柑橘树脂病

1.病原及传播　病原为柑橘间座壳菌。病菌以菌丝体和分生孢子器在树干病部及枯枝上越冬，开春温度升高后，产生大量分生孢子器或子囊壳，分生孢子或子囊孢子成熟后，遇潮湿（降雨）时释放，经风雨、昆虫传播。由于它的寄生力较弱，因此必须在寄主生长不良或有伤口时才能侵入。

2.症状

(1) 流胶和干枯。枝干被害，初期皮层组织松软，有裂纹，接着渗出褐色的胶液，并有类似酒糟的气味。高温干燥情况下，病部逐渐干枯、下陷，皮层开裂剥落，疤痕四周隆起。木质部受侵染后变成浅灰褐色，并在病健交界处有1条黄褐色或黑褐色痕带。病部可见许多黑色小粒点。

(2) 黑点和砂皮。病菌侵染叶片、枝条和未成熟的果实，在病部表面产生许多散生或密集成片的黑褐色的硬胶质小粒点，表面粗糙，略隆起（图7-25），像黏附着许多细沙（图7-26、图7-27）。

3.防治方法

(1) 加强栽培管理，避免树体受伤。采果后尽快施肥恢复树势；刷白树干和培土，以提高树体的抗冻能力；及时剪除病虫枝并烧毁。

(2) 病树刮治。对已发病的树，应彻底刮除病组织或纵刻病部涂药，每周1次，连续使用3～4次。药剂有70%甲基硫菌灵可

图7-25　金柑果皮上的黑点型砂皮病

图7-26　金柑叶片砂皮型树脂病

湿性粉剂200倍液、50％多菌
灵可湿性粉剂100倍液等。

（3）喷药保护。谢花2/3
开始至幼果期每15～20天喷
药1次，连喷3～4次，药剂
有：80％代森锰锌可湿性粉
剂600倍液、25％嘧菌酯悬浮
剂1 000～1 500倍液、80％克
菌丹水分散粒剂1 000～1 500
倍液。

图7-27　金柑枝条上的砂皮型树脂病

（十）柑橘附生性绿球藻

1.发生条件　柑橘附生绿球藻发生在湿度大、树冠郁蔽，树势
较差的果园，一旦发生则逐渐加重，扩大蔓延，主要附生在树冠下
部的老枝和叶片上，严重时，主干、大枝、中下部叶片全附着一层
绿色的青苔，严重地阻碍叶片光合作用，造成树势减弱、难长梢、
产量低和果实亮度差。

2.症状　柑橘附生性绿球藻是藻类植物，附生于树冠下部老

枝叶上，藻体在老叶上形成一层致密的绿色粉状物，严重时主干、大枝也全被附着，抑制光合作用，影响树势、产量和果实品质（图7-28）。

图7-28　柑橘附生绿球藻危害状

3.防治方法

（1）增强树势。加强排水，进行合理修剪，以降低湿度，增加树冠内膛和果园内的通透性，可减轻危害。

（2）药剂防治。在冬季清园可用0.8～1波美度石硫合剂、99%矿物油120～200倍液喷树冠1～2次；在4—10月用易除噻霉酮1000倍液，连喷2～3次，喷后3～5天，青苔开始变白干死，之后慢慢自行脱落。春季萌芽前用80%乙蒜素可湿性粉剂2000倍液喷1次，一个月后再用乙蒜素水剂3000倍液喷1次；或在春梢萌芽前用45%代森铵1000倍液、99%矿物油120～200倍液叶面喷雾，间隔15天再喷1次；在树干和大枝上可周年涂石灰水进行防治。

二、主要虫害及其防治

危害金柑的害虫主要有柑橘红蜘蛛、锈蜘蛛、花蕾蛆、蓟马、蚜虫、潜叶蛾、木虱、椿象、柑橘小实蝇、天牛、介壳虫、地粉蚧、粉虱等。

（一）柑橘红蜘蛛

柑橘红蜘蛛又称柑橘全爪螨、瘤皮红蜘蛛、柑橘红叶螨等（图7-29）。

1.危害症状 红蜘蛛可危害叶片、花蕾、果实及新梢。吸食叶片后，叶片呈花点失绿，无光泽，呈灰白色，严重时造成落叶，影响树势及产量。果实受害严重时果皮灰白色，失去光泽（图7-30），不耐贮藏。春季危害严重，夏季如高温多雨，对红蜘蛛的生存、繁殖不利，发生较轻；而秋冬季如遇温暖干旱，则危害非常严重。

2.发生规律 一年可发生15～24代，田间世代重叠，其发生代数与气温的关系密切。一般在气温达到12℃以上虫口开始增

图7-29 柑橘红蜘蛛成虫

图7-30 红蜘蛛严重危害致叶片、果实失去光泽

加，20℃时盛发，20～30℃和60%～70%的空气湿度是其发育和繁殖的最适宜条件，温度低于10℃或高于30℃时虫口受到抑制。盛发期为每年的3—5月及9—10月，7—8月因气温高，虫口数量稍少。但金柑叶片特有的芳香气味，使红蜘蛛在金柑上生长繁殖比其他柑橘类果树快，抗药性强，防治难度大。果园常喷波尔多液等含铜制剂，杀灭了大量天敌，容易导致该螨大发生。

3.防治方法

（1）**重视冬春季清园，减少虫源。**冬春季清园是全年防治红蜘蛛的关键。采果后及时进行冬季清园喷药，消灭越冬红蜘蛛成虫及卵，这是全年防治的关键。可选用99%迈增矿物油150～200倍液、99%迈增矿物油200倍液+1.8%阿维菌素或73%炔螨特乳油2 000倍液，连续喷两次或在喷第一次药7～10天后用1.0波美度石硫合剂或松脂合剂喷一次。

（2）**生物防治。**培养天敌。红蜘蛛的天敌很多，如六点蓟马、捕食螨等捕食性昆虫，还有芽枝霉菌等致病真菌等。在果园内选择种植白花臭草、牧草或保留其他非恶性杂草，可调节果园小气候，提供充足的害虫天敌食料，有利于天敌的活动。

（3）**化学防治。**加强果园检查，在红蜘蛛盛发期深入果园检查虫情，当平均每叶有成螨1～2头时及时用药防治。在红蜘蛛较少时用药防治，效果好，持效期长。药剂可选用3.2%阿维菌素3 000倍液、24%螺螨酯（螨危）4 000倍液、73%炔螨特乳油3 000～4 000倍液、20%阿维·螺螨酯悬浮剂1 000～2 000倍液、5%噻螨酮乳油1 000～1 500倍液、金螨危（螺虫乙酯30%+乙螨唑15%）乳油8 000～12 000倍液、22.4%螺虫乙酯悬浮剂4 000～5 000倍液、12%甲维·虫螨腈悬浮剂1 000～1 500倍液、24%螺螨酯悬浮剂1 500～2 000倍液、34%螺螨酯悬浮剂3 000～4 000倍液、43%联苯肼酯悬浮剂2 000～2 500倍液、20%乙螨唑悬浮剂2 000～3 000倍液、20%三唑锡悬浮剂1 000～1 500倍液等。

注意在超过36℃的高温天气忌用炔螨特类、机油乳剂，更不能两者混用。金柑果皮薄、油胞细，在幼果期、高温期、着色期、盖膜后等各阶段防治红蜘蛛时，应合理选用药剂，合理混配，否则极容易产生药害。药剂轮换使用，叶面叶背务必喷药均匀，以提高药效。

（二）柑橘锈蜘蛛

1.危害症状 柑橘锈蜘蛛又称锈壁虱、锈螨。主要危害叶片和果实，以危害果实较严重。叶片受害后，似缺水状向上卷，叶背呈烟熏状黄色或锈褐色，容易脱落；果实受害后流出油脂，被空气氧化后变成黑褐色，称之为"黑皮果"（图7-31）。6—9月为危害高峰期，到采果前甚至收果后还会危害。发生早期，果皮似被一层灰白色粉状微尘覆盖。虫体太小，肉眼不易察觉（图7-32），待出现黑皮果时，即使杀死虫体，果皮也不会恢复。

图7-31 锈蜘蛛危害后的果实症状

图7-32 放大镜下的锈蜘蛛若虫

2.发生规律 一年发生18～24代，以成螨在柑橘的腋芽、卷叶内或越冬果实的果梗处、萼片下越冬。越冬成螨在春季日均气温上升至15℃左右开始取食危害和产卵等活动，春梢抽发后聚集在叶背主脉两侧危害，6—10月为危害高峰尤以气温25～31℃时虫口增长迅速，7—8月锈壁虱虫口急增，一直猖獗危害到11月，尤其7—9月，高温干旱少雨时繁殖最快，危害最重，大发生时几天内果园内便出现大量黑皮果。高温干旱、果园常喷布波尔多液等含铜制剂和溴氰菊酯、氯氰菊酯等杀虫剂，杀灭了大量天敌，容易导致该螨大发生。

3.防治方法

（1）冬春季清园。结合清园，修剪病虫枝，防止果园过度荫蔽，选用自制1.0波美度石硫合剂喷药清园。

（2）加强栽培管理。加强肥水管理，增强树势；注意果园种草，如白花臭草等，以提高湿度，有利于天敌的繁殖和生存。已知的天敌有7种，其中汤普森多毛菌是有效天敌，还有捕食螨、草蛉、蓟马等。

（3）药剂防治。加强监测预报，在幼果或叶片上发现有1～2头若螨时，应立即喷药防治。在桂北地区一般在7月结合防治炭疽病喷一次80%代森锰锌可湿性粉剂600～800倍液，就能达到较好的防治效果。

有效药剂可选用80%代森锰锌可湿性粉剂400～600倍液、430克/升代森锰锌悬浮剂400～600倍液、20%三唑锡悬浮剂1 000～1 500倍液、20%呋虫胺悬浮剂2 000～2 500倍液、50%溴螨酯乳油1 000～1 500倍液、5%虱螨脲乳油1 500～2 500倍液、1.8%阿维菌素乳油3 000～4 000倍液、3.2%阿维菌素3 000倍液、70%丙森锌600倍液、阿维·甲氰＋阿维·乙螨唑乳油（捍绿满）2 000倍液等。喷药时要均匀，多喷叶背、果实阴面、树冠内腔及中下部。

（三）柑橘花蕾蛆

柑橘花蕾蛆又称柑橘蕾瘿蚊，幼虫俗称花蛆。

1.危害症状
成虫在花蕾直径2～3毫米时，即将卵从其顶端产于花蕾中，幼虫在花蕾内蛀食，致使花瓣白中夹带绿点，受害花畸形肿胀，俗称灯笼花（图7-33），不能开花结果，严重影响产量。

2.发生规律 一年发生1代，以幼虫在树冠下的浅土层中越冬，每年的3月上中旬开始化蛹，于3月中下旬出土，羽化后1～2天即开始交尾产卵，卵期3～4天，4月上中旬

图7-33 柑橘花蕾蛆危害后的花蕾（小花蕾）

为幼虫盛发期，4月中下旬幼虫开始脱蕾入土休眠，直到翌年化蛹。花蕾蛆羽化上树的产卵期为柑橘花朵的露白期。

3.防治方法

（1）物理防治。在成虫出土前进行地面覆盖，可使成虫闷死于地表。

（2）化学防治。地面撒药，掌握在花蕾2毫米左右由绿转白阶段、成虫羽化出土前5～7天撒药，每亩用50%辛硫磷颗粒0.5千克拌土撒施，90%晶体敌百虫800倍液、20%杀灭菊酯乳油2 500～3 000倍液、25%溴氰菊酯乳油3 000～5 000倍液等喷洒1～2次；成虫已出土至产卵前，一般在现蕾期用5%高效氯氟氰菊酯乳油1 500～2 000倍液、20%氯氰菊酯乳油3 000～5 000倍液、喷洒树冠1～2次。

（四）柑橘蓟马

蓟马是一种肉眼难以看清的微小害虫。在金柑每批花的花期及幼果期，成虫躲藏在花萼内。

1.危害症状 蓟马以成虫、若虫（图7-34）吸食嫩叶、嫩梢和幼果的汁液，金柑尤以第一批果实受害严重。危害幼果时，先

锉伤幼果表皮后再吸食汁液，造成幼果表皮油胞被破坏，逐渐失水干缩，呈现形状不规则的木栓化银白色斑痕，斑痕随着果实膨大而扩大（图7-35）。嫩叶受害后，叶片变薄，中脉两侧出现灰白色或灰褐色条斑，表皮呈灰褐色，受害严重时叶片扭曲变形（图7-36），生长势衰弱。

图7-34　不同虫态的柑橘蓟马成虫

图7-35　柑橘蓟马危害幼果状

图7-36　蓟马危害嫩叶状

2. 发生规律　一年发生7～8代，以卵在秋梢新叶组织内越冬。翌年3—4月越冬卵孵化为幼虫，在嫩梢和幼果上取食。在广西阳朔5月中下旬开始在金柑花蕾、花瓣、幼果上危害。果园4—10月均可见成虫，但以金柑的每批花的花期至幼果期危害最重。第一、第二代发生较整齐，也是主要的危害世代，以后各代世代重叠明显。幼虫老熟后在地面或树皮缝隙中化蛹。成虫较活跃，尤以晴天中午活动最盛。秋季当气温降至17℃以下时便停止发育。

3.防治方法

（1）开春清除园内枯枝落叶并集中烧毁，以消除越冬虫卵。

（2）在花蕾期、初花期及谢花后10天内注意巡查果园，发现最初开花的萼片内或幼果上有虫时及时用药防治，喷药要均匀周到，不留死角。发生严重的果园要每3～5天用药一次，连用2～4次。可选用60克/升乙基多杀菌素悬浮剂（艾绿将）1 500倍液、2.5%溴氰菊酯乳油2 000～3 000倍液、10%吡虫啉可湿性粉剂1 500倍液、50%啶虫脒乳油4 000倍液、5%氯氰·吡虫啉乳油（蓟蚜潜）750～1 000倍液、12%甲维·虫螨腈悬浮剂1 000～1 500倍液防治。

（3）摇花。在谢花期摇动树枝，振落花瓣，可减轻蓟马危害。

（五）柑橘潜叶蛾

柑橘潜叶蛾又称绘图虫、鬼画符、潜叶虫，是柑橘新梢的主要害虫之一。

1.危害症状 成虫在刚萌动的新梢上产卵，数天内幼虫（图7-37）潜入嫩叶表皮下取食叶肉，形成具有保护层的隧道，使叶片卷曲（图7-38），硬化变小，甚至落叶；幼果受害果皮留下伤迹。枝叶受害后的伤口是其他病菌侵染的途径，也是螨类等害虫的越冬场所。

图7-37　柑橘潜叶蛾幼虫

图7-38　柑橘潜叶蛾危害状

2.发生规律　在华南地区一年发生15～16代，以蛹及少数老熟幼虫在叶片边缘卷曲处越冬。田间世代重叠明显，各代历期随温度变化而异。平均气温27～29℃时，完成一个世代需13.5～15.6天；平均气温为16.6℃时为42天。田间5月就可见到危害，但以7—9月夏、秋梢抽发期危害最严重。

3.防治方法

（1）抹芽控梢。幼龄园应抹芽控梢，最大限度地消灭其虫口基数，切断其嫩梢食料来源，做到统一放梢，集中喷药。

（2）药物防治。要认真做好喷药保梢工作，一般在夏、秋梢的嫩芽长到1～2厘米长时喷第一次药，以后每隔5～7天喷1次，到新梢自剪时停止用药，每次梢期用药2～3次。可选用3%啶虫脒乳油1 500～2 000倍液、10%吡虫啉可湿性粉剂2 000倍液、1.8%阿维菌素乳油1 000～1 500倍液、25%噻虫嗪水分散粒剂1 500倍液、20%呋虫胺悬浮剂2 500～3 000倍液、5%氯氰·吡虫啉乳油（蓟蚜潜）750～1 000倍液等。

（六）柑橘木虱

主要危害芸香科植物，柑橘属受害最重，黄皮、九里香等次之。

1.危害症状　柑橘木虱以成虫在嫩芽缝隙产卵，吸食嫩梢汁液，使叶片扭曲畸形，严重时新芽凋萎枯死。有时还排出白色蜡状排泄物（图7-39），黏湿枝叶，诱发煤烟病。木虱是传播柑橘黄龙病的媒介昆虫。

2.发生规律　柑橘木虱发生代数与金柑萌发新梢次数有关，每代历期长短与气温有关。在桂林一年发生7～8代，第一代发生于3月中旬至5月上旬，末代发生于10月上旬至

图7-39　木虱若虫分泌白色蜡状排泄物

12月上旬，在果园以成虫于叶片的背面越冬，第二年3月上中旬开始在柑橘新梢上产卵繁殖，以后随着虫口密度增加而危害各次新梢，5月上旬为当年成虫第一个高峰期，7月上旬和9月上旬为第二和第三个高峰，10—11月甚至12月都有若虫产生，只要有嫩梢，柑橘木虱就会产卵和产生若虫危害。田间世代重叠。成虫产卵于露芽后的芽叶缝隙处（图7-40），没有嫩芽不产卵。初孵的若虫吸取嫩芽汁液并在其上发育成长，直至五龄。成虫停息时尾部翘起，与停息面呈45°角（图7-41）。在没有嫩芽时，停息在老叶的正面和背面。在8℃以下时，成虫静止不动，14℃时可飞能跳，18℃时开始产卵繁殖。在一年中，秋梢受害最重，其次是夏梢。在连续阴雨天气条件下，木虱虫口会大量减少。柑橘木虱对极端温度有较高的耐性，自然条件下，−3℃24小时后其成活率为45%。

图7-40　嫩芽缝隙中的木虱若虫（邓晓玲提供）

图7-41　柑橘木虱成虫

3.防治方法

（1）清除寄主植物。清除果园周围的黄皮、九里香等寄主植物，减少木虱栖息、繁殖场所。

（2）冬春季清园。在冬春季，越冬成虫活动能力差，停留在叶背，清园时喷施有效杀虫剂是防治柑橘木虱的关键。可用99%矿物油200倍液＋3.2%阿维菌素乳油5 000倍液＋7%氯氟氰菊酯

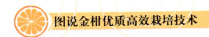

乳油3 000倍液、10%高效氯氰菊酯乳油2 000倍液清园。

（3）抹芽控梢，统一放梢。在新梢萌发时，采取"抹除零星芽，集中放梢"的方法统一放梢，缩短嫩梢期和木虱危害期，可显著减轻木虱的危害。

（4）营造防护林。在果园周围营造防风林带，可有效阻隔木虱飞迁和传播。

（5）药剂防治。防治适期是采果后、挖除黄龙病株前及春夏秋冬梢嫩梢期，重点是采果后和春夏秋梢嫩梢期，采取联防联治、连片统一围歼的方法喷药。每一次新梢期喷药2次，每次间隔5～7天。药剂可选用22.4%螺虫乙酯悬浮剂（亩旺特）4 000～5 000倍液、12%甲维·虫螨腈悬浮剂1 000～1 500倍液、25%呋虫胺油悬浮剂2 500～3 000倍液、20%哒虱威乳油1 000倍液、20%甲氰菊酯乳油1 000倍液、7%氯氟氰菊酯乳油3 000倍液、10%高效氯氰菊酯乳油2 000倍液、4.5%高效氯氰菊酯乳油1 000倍液、25%噻虫嗪水分散粒剂1 500倍液、10%吡虫啉可湿性粉剂2 000倍液、50%啶虫脒乳油5 000倍液等。

（七）蚧类

1.危害症状　在金柑、沙糖橘和马水橘上危害较多的蚧类主要有糠片蚧、矢尖蚧（图7-42）、黑点蚧、褐圆蚧等。蚧类既危害叶片，又危害枝干和果实，有的甚至危害根群。介壳虫往往是雄性有翅（图7-41），能飞；雌虫和幼虫一经孵化，终生寄居在枝叶上，造成叶片发黄、枝梢枯萎（图7-43）、树势衰退，且易诱发煤烟病。在果实上危害造成果面斑点累累，品质下降，甚至引起落果。

2.发生规律　盾蚧类大多以成虫和老熟幼蚧越冬，第二年春天来临时，雌成虫产卵于介壳下方，雌成虫产卵期较长，可达2～8周。卵不规则堆积于介壳之下，经几小时或若干天后孵化为若虫，刚孵出的若虫为可以到处爬行的初孵若虫，初孵若虫爬出母壳后移到新梢、嫩叶或果实上固定取食。蚧类的成虫和二龄以

图7-42　矢尖介雄虫

图7-43　介壳虫危害导致枝叶干枯

后长出介壳的若虫都难以用药防治，其蜡质介壳难以被药剂穿透。一龄若虫未长出介壳，便于药剂穿透和防治，此期是防治的最佳时机，其一龄若虫大致发生时间如下：

（1）褐圆蚧（图7-44）。一年发生4代，幼蚧盛发期大约为每年的5月中旬、7月中旬、8—9月、10月下旬至11月中旬，各虫期不整齐，世代重叠。

（2）矢尖蚧。一年发生2～3代，初孵若虫常出现于每年的5月中下旬、7月中旬、9月上中旬，一般情况下，各虫期的发生比较整齐而有规律。

图7-44　褐圆蚧

（3）糠片蚧。一年发生3～4代，初孵若虫可见于4—6月、6—7月、7—9月和10月以后。最大量的初孵若虫发生期为7月下旬至10月，尤以9月为高峰。

（4）黑点蚧。一年发生3～4代，一龄若虫全年均有发生，一般分别于7月中旬、9月中旬、10月中旬出现高峰。

3.防治方法

（1）加强栽培管理。搞好肥水管理，增强树势；盛果期后注意修剪，防止果园荫蔽，并把剪下的寄生介壳虫的阴枝和内膛枝烧毁，最大限度地减少虫口基数。

（2）保护天敌。吹绵蚧的天敌有澳洲瓢虫、大红瓢虫等，可人工放养。黄金蚜小蜂是褐圆蚧、矢尖蚧、糠片蚧的天敌，寄生率可达70%以上。

（3）冬季清园。结合清园，修剪病虫枝，集中烧毁；防止果园过度荫蔽；选用自制1.0波美度石硫合剂喷药清园。也可用99%绿颖机油乳剂150～200倍液清园。

（4）药物防治。根据各种介壳虫的最佳防治虫龄及发生高峰期，抓住关键时期施药，其重点应掌握在1～2龄若虫盛发期进行，尤其应抓好对第一代1～2龄若虫的防治。可选用22.4%螺虫乙酯悬浮剂（亩旺特）4 000～5 000倍液、12%甲维·虫螨腈悬浮剂1 000～1 500倍液、22%氟啶虫胺腈悬浮剂（特福力）1 500～2 000倍液、25%噻嗪酮可湿性粉剂1 000倍液。喷雾时务必全树喷匀，喷湿树冠阴枝与叶背，注意害虫集中的地方一定要精心喷杀。

（八）粉虱类

危害柑橘的粉虱主要有黑刺粉虱和白粉虱。黑刺粉虱又名橘刺粉虱，白粉虱又名橘黄粉虱。

1.危害症状　主要以成虫、幼虫聚集于叶片背面刺吸汁液，形成黄斑，并分泌蜜露诱发煤烟病，使植株枝叶发黑，树体变弱，果实生长缓慢，品质变差。

2.发生规律

（1）白粉虱（图7-45）。白粉虱以高龄幼虫及少数蛹固定在叶片背面越冬。因各地温度不同，一年发生代数不同，华南温暖地区一年发生5～6代，各代若虫分别寄生在春、夏、秋梢嫩叶的背面危害。卵产于叶背面，每雌成虫能产卵125粒左右；有孤雌生殖现象，所生后代均为雄虫。

（2）黑刺粉虱（图7-46）。一年发生4～5代，以二至三龄幼虫在叶背越冬。田间世代重叠。5—6月、6月下旬至7月中旬、8月上旬至9月上旬、10月下旬至11月下旬是各代1～2龄幼虫的盛发期，也是药物防治的最佳时期。成虫多在早晨露水未干时羽化，初羽化时喜欢荫蔽的环境，白天常在树冠内幼嫩的枝叶上活动，有趋光性，可借风力传播到远方。羽化后2～3天便可交尾产卵，多产在叶背，散生或密集呈圆弧形。幼虫孵化后作短距离爬行吸食。蜕皮后将皮留在体背上，一生共蜕皮3次，每蜕一次皮均将上一次蜕的皮往上推而留于体背上。

图7-45　柑橘白粉虱危害新梢状　　图7-46　柑橘黑刺粉虱（欧善生提供）

3. 防治方法

（1）利用天敌防治。粉虱类的天敌有红点唇瓢虫、草蛉、粉虱细蜂、黄色跳小蜂、粉虱座壳孢（图7-47）。可采集已被粉虱座壳孢寄生的枝叶散放到柑橘粉虱发生的橘树上，或人工喷洒粉虱座壳孢子悬浮液。

（2）剪除虫害枝、密生枝。使果园通风透光，加强树势，提高植株抗虫能力。

（3）药物防治。药剂防治关键时期是各代特别是第一代和第二代1～2龄若虫盛发期。药剂防治以22.4%螺虫乙酯悬浮剂

图7-47　粉虱座壳孢子菌

4 000 ～ 5 000倍液、12%甲维·虫螨腈悬浮剂1 000 ～ 1 500倍液、99%矿物油200倍液＋10%吡虫啉可湿性粉剂2 000倍液效果较好，也可选用25%噻嗪酮可湿性粉剂1 500 ～ 2 000倍液、25%噻虫嗪水分散粒剂1 500倍液等。

（九）柑橘蚜虫类

主要有棉蚜、橘蚜、绣线菊蚜、橘二叉蚜，都是传播柑橘衰退病的媒介昆虫。

1.危害症状　蚜虫以成虫和若虫吸食嫩梢、嫩叶、花蕾及花的汁液（图7-48），使叶片卷曲，叶面皱缩、凹凸不平，不能正常伸展（图7-49）。受害新梢枯萎，花果脱落。蚜虫排出的蜜露还诱发煤烟病，并招来蚂蚁取食而驱走天敌。

2.发生规律

（1）棉蚜。一年发生20 ～ 30代，以卵在枝条基部越冬。翌年3月卵开始孵化，气温升至12℃以上开始繁殖。在早春和晚秋19 ～ 20天完成1代，夏季4 ～ 5天完成1代。繁殖的最适温度为16 ～ 22℃。

图7-48 橘蚜危害嫩梢状

图7-49 蚜虫危害叶片致扭曲变形

（2）橘蚜。一年发生10～20代，以卵或成虫越冬。3月下旬至4月上旬越冬孵化为无翅若蚜，危害春梢嫩枝、叶，若蚜成熟后便胎生幼蚜，虫口急剧增加，于春梢成熟前达到危害高峰。繁殖最适温度24～27℃，高温久雨橘蚜死亡率高、寿命短，低温也不利于该虫的发生。

（3）绣线菊蚜。全年均有发生，一年发生20代左右，以卵在寄主枝条裂缝、芽苞附近越冬。4—6月危害春梢并于早夏梢形成高峰，虫口密度以5—6月最大，9—10月形成第二次高峰，危害秋梢和晚秋梢。

（4）橘二叉蚜。一年发生10余代，以无翅雌蚜或老若虫越冬。翌年3—4月开始取食新梢和嫩叶，以春末夏初和秋天繁殖多、危害重。多行孤雌生殖。其最适宜温度为25℃左右。一般为无翅型，当叶片老化食料缺乏或虫口密度过大时便产生有翅蚜迁飞他处取食。

3.防治方法

（1）黄板诱蚜。有翅成蚜对黄色、橙黄色有较强的趋性，可在黄板上涂抹10号机油、凡士林等诱杀。黄板插或挂于田间（图7-50），诱满蚜虫后要及时更换。

图7-50　树上挂黄板、黄球诱杀柑橘小实蝇

（2）冬季结合清园，剪除有虫枯枝，减少越冬虫口。在生长季节抹除抽生不整齐的新梢，统一放梢。

（3）保护和利用天敌。蚜虫的天敌种类很多，如瓢虫、草蛉、食蚜蝇、寄生蜂、寄生菌等，注意合理用药，保护天敌。

（4）药剂防治。药剂可选用10%吡虫啉可湿性粉剂1 500 ～ 2 000倍液、3%啶虫脒悬乳剂2 500 ～ 3 000倍液、25%噻虫嗪水分散粒剂1 500倍液、5%氯氰·吡虫啉乳油（蓟蚜潜）750 ～ 1 000倍液、22%氟啶虫胺腈悬浮剂（特福力）1 500 ～ 2 000倍液、

12%甲维·虫螨腈悬浮剂 1 000 ～ 1 500 倍液。

（十）椿象

　　椿象又名臭屁虫，有多个种类，在金柑上危害的以稻绿蝽、九香虫（图7-51）和角肩蝽为主。危害高峰期为7—10月。

　　1.危害症状　主要以若虫、成虫用针状口器插入果实中吸取汁液，造成落果。幼果被害后由于果皮油胞受到破坏，造成果皮被害处紧缩变硬，形成果实硬心，并停止膨大乃至早期脱落；果实着色期受害，易造成果实变黄（图7-52），引起落果。危害时，一般首先是在果园某一片区域危害，有时几株或十几株会受害最重，落果最多，最后全园受害。未脱落的果实小而硬，水分少，味淡、品质下降。此外，还可危害嫩枝，引起叶片枯黄，嫩枝干枯。

图7-51　九香虫成虫　　　图7-52　椿象危害导致果实变黄落果

　　2.发生规律　在国内各柑橘产区角肩蝽一般一年发生1代，以成虫在枝叶茂密处、屋檐或石隙等隐蔽处越冬。越冬成虫翌年4月开始恢复取食、交尾，5月上中旬产卵，7月产卵最多，卵多产于树冠外围离地1.2 ～ 1.8米处的叶片正面，少数产于果面。卵呈块状，每块有卵14粒左右，少数为7粒或16粒。卵期5～6天，孵化率92%～100%。若虫5月出现，7—8月为低龄若虫盛发期，若虫初孵时以卵块为中心静息团聚于叶片或果实上，第一次蜕皮后开始分散取食，2～3龄若虫常三五成群聚集在果实上刺吸汁液，这时期是若虫严重危害引起落果的盛期。危害高峰期为7—10月。

角肩蟥的天敌有卵寄生蜂、蜘蛛、螳螂、黄猄蚁等。其中橘棘蟥平腹小蜂6—11月上旬均有寄生，寄生率6.9%～25%，黑卵蜂在5月下旬到11月均有寄生，寄生率为8.3%～43.7%。

3.防治方法

（1）化学防治。化学防治宜掌握在7—8月1～2龄若虫发生盛期，此时虫体小、蜡质少，对药剂敏感，用药效果好。

果园虫口密度大时要全面施药，虫口密度小时可进行挑治，消灭在花果枝或嫩梢上的害虫。

蟥类害虫对敌百虫很敏感，可用90%敌百虫800倍液或80%敌敌畏1 000倍液防治，也可选择使用菊酯类药剂，如2.5%溴氰菊酯乳油或10%氯氰菊酯乳油2 500～3 000倍液、7%氯氟氰菊酯乳油3 000倍液、10%高效氯氰菊酯乳油2 000倍液。建议使用菊酯类与有机磷杀虫剂混配药剂，可有效克服蟥类害虫的抗药性。

（2）人工防治。可采用人工捕捉成虫、若虫，在清晨露水未干、成若虫活动力弱时捕捉。

（十一）柑橘小实蝇

1.危害症状 以成虫产卵于果实内，幼虫危害果实（图7-53），以幼虫蛀食果肉，常引起果实未熟先黄，果实腐烂，造成严重落果（图7-54）。

图7-53 柑橘小实蝇雌成虫危害果实

图7-54　柑橘小实蝇危害金柑导致落果

2.**发生规律**　柑橘小实蝇（图7-55）一年发生3～5代，无严格越冬现象，发生极不整齐，成虫羽化后需要经历较长时间的补充营养（夏季10～20天，秋季25～30天，冬季3～4个月）才能交尾产卵。羽化后雌虫以产卵管刺伤金柑果实吸取分泌出的蜜露和一些植物分泌的花蜜。羽化7～12天开始交配，一般白天在成熟的果实或皮薄的果实产卵，产卵量大，每头雌虫可产200～400粒卵。

卵产于将近成熟的果皮内。卵期夏秋季1～2天，冬季3～6天。幼虫期在夏秋季需7～12天，冬季13～20天。老熟后脱果入土化蛹，蛹期夏秋季8～14天，冬季15～20天。小实蝇于8月下旬选择金柑果实膨大至开始成熟的果实产卵（特别是金柑第一批花的果实危害重），卵产于果皮与果肉之间，幼虫孵化后在果肉内取食危害，在9月中旬开始常造成果实内部腐烂或未熟先黄即被害果有早熟、早黄和早落的现象，果内有蛆（图7-56），果实提前

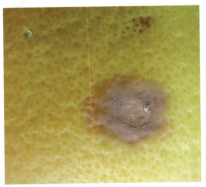
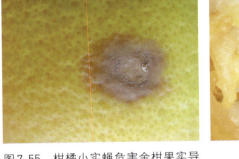

图7-55　柑橘小实蝇危害金柑果实导　　　图7-56　柑橘小实蝇幼虫
致腐烂

脱落，严重影响果实产量和品质，最终导致减产，甚至绝收。山区金柑园受害严重。

3.防治方法

（1）加强检疫。严禁从疫区内调运带虫的果实、种子和带土苗木。

（2）降低越冬虫口基数。结合冬季清园，在冬季或早春期间成虫未羽化前翻耕果园地面表层，将蛹翻出至土面。在幼虫脱果入土盛期和成虫羽化盛期地面喷洒50%辛硫磷乳油800～1 000倍液，以减少越冬虫口基数。

（3）处理被害果。在8月下旬至11月，摘除未熟先黄、黄中带红的被害果并捡拾落地果，放入50～60厘米深的坑中，在表面撒一层生石灰后深埋，也可以用石灰水浸泡，杀死果中的卵和幼虫。

（4）诱杀成虫。在6—8月柑橘小实蝇产卵前期，在橘园喷施敌百虫800倍液加3%红糖混合液，或在果实蝇诱捕器内滴入甲基丁香酚雄性诱捕剂，挂在果园边诱杀雄虫（图7-57）。每20天加专用诱剂5毫升诱杀成虫。同时，可用黄板或黄球挂于田间，诱杀成虫。

（5）树冠喷药。在阳朔从8月中旬开始用5%阿维·甲氰1 000～1 500倍液等喷药防治。每隔10～15天喷1次，一直持续到10上中旬。可大大减少果实蝇的危害。在上午或雨后初晴喷药为好。

（十二）柑橘地粉蚧

柑橘地粉蚧主要以成虫、若虫寄生于柑橘细根及须根上刺吸危害，造成根部皮层霉烂，植株地上部叶片变黄、脱落，花而不实，果小。

图7-57 果园内挂柑橘小实蝇诱捕器

柑橘地粉蚧成虫雌雄异型。雌成虫无翅，体长约3毫米，椭圆形，白色，虫体上有白色絮状蜡粉，体末端有褐色刺钩1对。雄成虫白色，有1对翅。柑橘地粉蚧的成虫和若虫多群集于须根，尤其是新生的须根上吸食危害。雌成虫产卵于幼根及邻近的土块上，卵堆产，外有一层蜡质附着物，形似稀薄的卵囊，卵孵化后蜡质物附着在幼根及土块上，白色的蜡质斑斑，明显可见。该虫多发生在沙砾土质金柑园，主要危害树冠荫蔽、树势较好的成年结果树。

1. 危害症状 柑橘地粉蚧（图7-58）危害金柑较严重。虫群集于须根特别是新生须根和细根上吸食危害，受害植株须根和新生须根减少，须根根皮糜烂（图7-59、图7-60），植株受害后上年春梢叶片呈现斑驳状黄化，黄化部分始于叶片基部主脉两侧（图7-61），并逐

图7-58 地粉蚧各虫态

渐扩大，在主脉两侧各形成一个大小基本均等的大黄斑，黄斑进一步扩大，终致整张叶片的叶肉部分及侧脉全部黄化，但叶片主脉仍保持绿色（图7-62）。严重时，除当年春梢叶片不黄化外，其

图7-59　地粉蚧幼虫危害须根

图7-60　柑橘地粉蚧危害造成根系腐烂（全金成提供）

图7-61　柑橘地粉蚧危害叶片致不同程度黄化，但主脉仍为绿色

图7-62　柑橘地粉蚧危害致主脉两侧不同程度黄斑

他叶片都可表现黄化，老叶提早脱落，严重影响树体生长与结果，甚至死亡。

2.发生规律 在阳朔一年发生3代，主要以若虫和少数成虫越冬。5月下旬是第一代柑橘地粉蚧成虫产卵的高峰期，6月下旬是若虫发生的高峰期，第二代卵盛期在8月，第三代卵盛期在9—10月，若虫和成虫全年可见，各代若虫盛发期分别在7月上中旬、8月、9—10月。

3.防治方法

（1）**严格选择育苗地。** 严禁在金柑园及其他柑橘园内育苗，前茬为金柑的果园也不宜用作苗圃。

（2）**加强检疫。** 做好苗木调运的检疫工作，防止传播蔓延危害。

（3）**砧木选择。** 地粉蚧危害严重的地区，可考虑种植金柑实生苗或本砧嫁接苗。

（4）**药剂泼浇。** 取水方便的果园采用根际施药，施药时间掌握在越冬雌成虫产卵前或在连日大雨后进行。在广西阳朔县，5月中旬是一年中防治该虫的最佳时间。药剂可选用48%毒死蜱乳油600～800倍液或40%辛硫磷乳油400～600倍液，在松土后于树冠滴水线范围内按成年树20～25千克/株标准进行均匀泼浇。

（5）**颗粒剂撒施。** 在缺水的果园，可选用3%辛硫磷颗粒100～150克/株，或15%辛硫磷、毒死蜱颗粒剂100～150克/株。将药剂与1千克干细土拌匀，将深10厘米范围内的表土扒开后撒施于树盘，完成后覆土。

（6）**树干涂药。** 在缺水的果园，可用40%辛硫磷乳油原液均匀涂抹主干，高度以离地15厘米左右为宜，利用药剂的内吸作用杀灭柑橘地粉蚧。

（7）**土壤调酸。** 根据柑橘地粉蚧喜好偏酸（pH4～5.3）土壤环境的习性，采果后亩撒施石灰50～100千克后浅耕，恶化其生存环境，对防治有一定效果。

（十三）星天牛

1.危害症状 天牛以成虫啃食树的细枝皮层、幼虫钻蛀危害枝干及根部。星天牛的幼虫蛀害主干、主枝及根部，常环绕树干基部蛀成圈，后钻入主干或主根木质部，使树干、根内部造成许多通道，影响水分、养分的输送，致使叶片黄化，树势衰弱，甚至整株枯死。

2.发生规律 星天牛（图7-63）一年发生1代，幼虫在树干基部或主根内越冬，翌年春化蛹，成虫在4月下旬至5月上旬开始出现，5—6月为羽化盛期。卵多产于离地面5厘米以内的树干基部，5月底至6月中旬为产卵盛期。产卵处表面湿润，有白色泡沫状黏液外溢。

图7-63　星天牛成虫

3.防治方法

（1）人工捕捉成虫。在成虫羽化期产卵（5—6月）的晴天，中午捕杀栖息于树冠外围的成虫，或在黄昏前后捕杀在树干基部产卵的成虫。

（2）加强栽培管理，保持树干光滑。在成虫羽化产卵前用石灰浆涂白树干，也可采用基部包扎塑料薄膜的方法来防止天牛产卵。同时结合根颈培土，减少成虫潜入和产卵的机会。

（3）刮除虫卵及低龄幼虫。在6—8月，初孵幼虫在主干树皮层危害时，可见到新鲜木屑样的虫粪向外排出，从中发现有白色虫卵或虫粪，可用利刀刮杀虫卵。

（4）钩杀幼虫或药物毒杀幼虫。在春秋季发现树干基部有新鲜虫粪时，及时用钢丝将虫道内的虫粪清除后进行钩杀，然后用棉球或碎布条蘸80%敌敌畏乳油5～10倍液塞入虫孔内，再用湿泥土封堵洞口，以毒杀幼虫。

（十四）象鼻虫

主要有灰象鼻虫（图7-64），大、小绿象鼻虫，成虫具假死性。

1. 危害状　主要以成虫危害春梢、叶片，将叶片咬得残缺不全或缺孔（图7-65），也危害幼果，使幼果表面凹陷，缺刻，引起落果。

图7-64　灰象鼻虫成虫　　　　　图7-65　灰象鼻虫危害状

2. 发生规律　在桂北一年发生1代，以成虫和幼虫在土中越冬，翌年3月下旬至4月上旬，越冬成虫陆续出土开始上春梢危害，先危害嫩梢幼叶后危害幼果，5月上旬开始产卵，产卵期长达3～4个月，卵一般产于两叶间近叶缘处并呈块状，同时分泌黏液粘合两叶片，卵孵化后幼虫入土，在10～50厘米的土层中取食根部和腐殖质，成虫常群集危害，寿命可达5～6个月。

3. 防治方法

（1）冬季翻土。冬季翻土深15厘米左右，可杀灭部分越冬虫源。

（2）地面喷药。3—4月成虫出土时，在地面喷洒50%辛硫磷乳油300～400倍液，毒杀土表爬行的成虫。

（3）人工捕杀。利用成虫的假死习性，在树冠下铺好塑料布，摇动树枝使其掉落，然后集中消灭。

（4）树冠喷药。在4—7月春梢生长期和幼果期，加强果园检

查，发现有虫时及时喷杀。药剂可选用10%高效氯氰菊酯乳油2 000倍液、20%甲氰菊酯乳油1 500倍液、2.5%溴氰菊酯乳油1 500 ~ 2 000倍液、2.5%氟氯氰菊酯乳油1 500 ~ 2 000倍液。

图7-66　麻　雀

（十五）鸟害

1.危害状　危害金柑的害鸟主要有麻雀（图7-66）等，在早熟品种如遇龙早金柑、高糖品种如脆蜜金柑果实即将成熟开始，由于金柑产区其他早熟柑橘果实极少，麻雀等鸟类直接用尖利的嘴刺破果皮，吸取果汁或咀嚼果肉，造成果实破损（图7-67）、腐烂（图7-68）、落果，影响产量与效益。

图7-67　鸟类危害的果实

图7-68　鸟害导致果实腐烂

2.发生规律　危害金柑的鸟类，在果实成熟期间的早晚果园危害。

3.**预防方法**　在害鸟出没、危害的果园，于果实成熟期间用防鸟尼龙网逐行或每2行（图7-69、图7-70）进行全覆盖，避免害鸟危害。

图7-69　双行覆盖防鸟网防鸟

图7-70　逐行覆盖防鸟网防鸟

附录一
阳朔县金柑结果树周年管理工作历

阳朔县金柑结果树周年管理工作历

月份	物候期	管理工作要点
1	果实成熟期	①预防低温霜冻、冰冻伤果；②分期采收果实；③采果后砍伐黄龙病树；④采完果的树进行冬季清园与修剪。
2	果实成熟、春梢萌芽期	①分期采收果实；②冬季修剪；③施萌芽肥；④冬季清园。
3	果实成熟、春梢萌芽期	①春季修剪；②全园翻土；③叶面追肥1次；④防治红蜘蛛、蓟马等。
4	春梢生长、转绿期	①叶面追肥1次；②防治红蜘蛛、蚜虫、木虱等。
5	春梢老熟、第一批花花芽分化、花蕾期	①叶面追肥1次，促进新梢转绿老熟；②防治红蜘蛛、蚜虫、粉虱、木虱、蓟马等；③中耕除草。
6	第一批花开花、生理落果、幼果膨大；第二批花花芽分化；夏梢萌芽、生长期	①盛花期喷1次20毫克/千克九二〇和叶面肥等，谢花后喷1次30毫克/千克九二〇+0.5～2毫克/千克噻苯隆；②施稳果壮果肥；③防治红蜘蛛、锈蜘蛛、木虱、粉虱、潜叶蛾、灰霉病、蓟马、疮痂病、炭疽病、黑星病等；④摇花。
7	第一批果膨大；第二、三批花现蕾开花，生理落果、果实膨大期；夏梢转绿期	①第二、三批花谢花期喷1次25毫克/千克九二〇+0.5～2毫克/千克噻苯隆和叶面肥，5～7天后再喷1次；②防治红蜘蛛、锈蜘蛛、黑星病、椿象、日灼、粉虱、潜叶蛾、木虱、炭疽病等；③铲除树盘杂草、松土。

（续）

月份	物候期	管理工作要点
8	第一至三批果实膨大；第四批花开花、生理落果期；秋梢萌芽、生长期	①喷1次叶面肥；②淋施壮果肥；③防治红蜘蛛、潜叶蛾、黑星病、椿象、日灼、木虱等；④第四批花果商品率低，随其落花落果；⑤树盘盖草防旱。
9	第一至四批果实膨大；秋梢转绿期	①秋梢转绿期喷2次叶面肥促进新梢老熟、果实膨大；②淋施壮果肥；③防治红蜘蛛、锈蜘蛛、黄龙病、木虱等。
10	果实膨大期	①叶面追肥；②淋施水肥壮果，肥料以堆沤腐熟沼液、粪水、麸水为主；③防治红蜘蛛、锈蜘蛛、黄龙病、小实蝇等；④密切注意天气预报，如预报10月下旬有持续降雨，则要提前盖膜，预防裂果；⑤预防高温灼伤树冠顶部果实及枝梢。
11	果实着色期	①盖膜前施肥、防治病虫害；②树冠盖膜；③预防高温灼伤树冠顶部果实及枝梢。
12	果实着色成熟期	①分期采果销售；②防霜冻。

附录二
阳朔县脆蜜金柑结果树周年管理工作历

阳朔县脆蜜金柑结果树周年管理工作历

月份	物候期	管理工作要点
1	第三批花果实成熟期	①预防低温霜冻、冰冻；②开深沟施肥改土；③砍伐黄龙病树；④冬季清园与修剪。
2	春梢萌动期	①继续深施肥；②继续冬季修剪；③施萌芽肥；④冬季清园。
3	春梢萌芽期	①春季修剪；②全园翻土；③叶面追肥1次；④防治红蜘蛛、蓟马等。
4	春梢生长、转绿期	①叶面追肥1次；②防治红蜘蛛、蚜虫、木虱等。
5	春梢老熟、第一批花花芽分化、花蕾期	①叶面追肥1次，促进新梢转绿老熟；②防治红蜘蛛、蚜虫、粉虱、木虱、蓟马等；③中耕除草。
6	第一批花开花、生理落果；第二批花花芽分化；夏梢萌芽、生长期	①谢花时喷1次20毫克/千克九二〇＋1～2毫克/千克噻苯隆和叶面肥等，谢花后再喷1～2次；②施稳果壮果肥；③防治红蜘蛛、锈蜘蛛、木虱、粉虱、潜叶蛾、椿象、蓟马、疮痂病、灰霉病、黑星病；④摇花。
7	第一批果膨大；第二、三批花现蕾开花，生理落果、果实膨大期；夏梢转绿期	①第二、三批花谢花期喷1～2次25毫克/千克九二〇＋0.5～2毫克/千克噻苯隆和叶面肥，谢花后再喷1～2次；②施稳果壮果肥；③防治红蜘蛛、锈蜘蛛、粉虱、潜叶蛾、木虱、粉虱、椿象、日灼、炭疽病等；④铲除树盘杂草、松土。

（续）

月份	物候期	管理工作要点
8	第一至三批果实膨大；第四批花开花、生理落果期；秋梢萌芽、生长期	①喷1次叶面肥；②施壮果肥；③防治红蜘蛛、潜叶蛾、椿象与木虱等；④第四批花果商品率低，随其落花落果；⑤树盘盖草防旱。
9	第一至四批果实膨大；秋梢转绿期	①秋梢转绿期喷1次叶面肥促进新梢老熟、果实膨大；②施壮果肥；③防治红蜘蛛、锈蜘蛛、黄龙病、木虱等。
10	果实膨大期	①叶面追肥；②淋施水肥壮果，肥料以堆沤腐熟沼液、粪水、麸水为主；③防治红蜘蛛、锈蜘蛛、黄龙病等；④密切注意天气预报，如预报10月下旬有持续降雨，则要提前盖膜，预防裂果；⑤预防高温灼伤树冠顶部果实及枝梢。
11	果实着色期	①盖膜前施肥、防治病虫害；②树冠盖膜；③防鸟等；④预防高温灼伤树冠顶部果实及枝梢；⑤施采果肥。
12	果实成熟期	①分期采果销售；②防霜冻。

附录三
阳朔县遇龙早金柑结果树周年管理工作历

阳朔县遇龙早金柑结果树周年管理工作历

月份	物候期	管理工作要点
12、1	冬梢萌发、生长期	①普查黄龙病；②砍伐黄龙病树。
2	春梢萌芽期	①每株沟施腐熟农家肥15～20千克＋复合肥0.5～0.75千克，或麸肥2.0～3.0千克＋复合肥0.25～0.5千克，或商品有机肥2.5～4.0千克＋复合肥0.25～0.5千克；每株淋施1次20%～30%腐熟麸肥液7.5～10.0千克＋尿素0.1～0.15千克，或水溶有机液肥7.5～10.0千克，春梢转绿期间再淋1次；②叶面追肥1次。
3	春梢转绿期	①春季修剪；②松土；③叶面追肥1次；④防治红蜘蛛等。
4	春梢老熟期	①叶面追肥1次；②每株淋施1～2次20%～30%腐熟麸肥液10～15千克，或水溶有机液肥10～15千克＋复合肥0.05～0.1千克；③防治红蜘蛛、蚜虫、木虱等。
5	第一批花花芽分化、现蕾期	①叶面追肥1次，促进新梢转绿老熟；②防治红蜘蛛、蚜虫、粉虱、木虱等；③中耕除草。
6	第一批花开花、生理落果；第二批花现蕾；夏梢萌芽、生长期	①谢花期喷1次20毫克/千克九二〇＋1.5毫克/千克噻苯隆＋叶面肥，7～15天后再喷1次；②每株沟施腐熟农家肥15～20千克＋复合肥0.25～0.5千克，或麸肥2.0～3.5千克＋复合肥0.25～0.5千克，或商品有机肥3.0～5.0千克＋复合肥0.25～0.5千克；③防治红蜘蛛、锈蜘蛛、木虱、粉虱、潜叶蛾、蓟马、黑星病、沙皮病、灰霉病等；④摇花。

（续）

月份	物候期	管理工作要点
7	第一批果膨大；第二批花开花、生理落果、果实膨大期；夏梢转绿期	①第二批花谢花期喷1次25毫克/千克九二○+1.5毫克/千克噻苯隆和叶面肥，5～7天后再喷1次；②淋施1次腐熟花生麸液肥或商品水溶有机液肥5.0～7.5千克/株；③防治红蜘蛛、锈蜘蛛、粉虱、潜叶蛾、木虱、粉虱、椿象、炭疽病等。
8	第一至二批果实膨大；秋梢萌芽、生长期	①喷1次叶面肥；②淋施1次腐熟花生麸液肥或商品水溶有机液肥5.0～7.5千克/株；③防治红蜘蛛、潜叶蛾、椿象、木虱等；④疏果；⑤树盘盖草防旱。
9	果实着色成熟期；秋梢转绿期	①喷1次高钾叶面肥，淋施1次腐熟花生麸液肥或商品水溶有机液肥5.0～7.5千克/株，促进秋梢老熟、果实提质；②防治红蜘蛛、小实蝇、蚜虫等；③防鸟；④防旱、防裂果；⑤采果。
10	果实成熟期；秋梢老熟期	①叶面追肥；②防治红蜘蛛、小实蝇等；③采果。
11	晚秋梢萌发、生长期	①冬季施肥；②冬季修剪；③冬季清园。

附录四
阳朔县遇龙晚金柑结果树周年管理工作历

阳朔县遇龙晚金柑结果树周年管理工作历

月份	物候期	管理工作要点
1	果实着色期	①喷施高钾型叶面肥1次；②淋施高钾型液肥1次。
2	果实成熟期	①采收果实；②采后揭膜。
3	春梢萌芽期	①春季修剪；②春季清园；③淋施平衡型液肥1次；④叶面追肥1次。
4	春梢生长、转绿期	①叶面追肥1次；②每株淋施1～2次20%～30%腐熟麸肥液15～20千克，或水溶有机液肥10～20千克＋复合肥0.2～0.25千克；③防治红蜘蛛、蚜虫、木虱等。
5	春梢老熟、第一批花花芽分化、花蕾期	①叶面追肥1次，促进新梢转绿老熟；②防治红蜘蛛、蚜虫、粉虱、木虱、蓟马等；③中耕除草。
6	第一批花开花、生理落果；第二批花花芽分化；夏梢萌芽、生长期	①谢花期喷1次20～25毫克/千克九二〇＋1.5毫克/千克噻苯隆＋叶面肥等，7～15天后再喷1次；②沟施稳果壮果肥：在6月中旬每株沟施腐熟农家肥20～25千克＋复合肥0.75～1.0千克，或麸肥或商品有机肥3.5～6.0千克＋复合肥0.75～1.0千克；③防治红蜘蛛、锈蜘蛛、木虱、粉虱、潜叶蛾、蓟马、黑星病、沙皮病、灰霉病等；④摇花。
7	第一批果膨大；第二、三批花现蕾开花、生理落果、果实膨大期；夏梢转绿期	①第二、三批花谢花期喷1次25毫克/千克九二〇＋1.5毫克/千克噻苯隆＋叶面肥，5～7天后再喷1次；②淋施1次腐熟花生麸液肥或商品水溶有机液肥5～10千克/株；③防治红蜘蛛、锈蜘蛛、粉虱、潜叶蛾、木虱、粉虱、椿象、炭疽病等；④疏夏梢；⑤疏果。

（续）

月份	物候期	管理工作要点
8	第一至三批果实膨大；第四批花开花、生理落果期；秋梢萌芽、生长期	①喷1次叶面肥；②淋施1次腐熟花生麸液肥或商品水溶有机液肥5～10千克/株；③防治红蜘蛛、潜叶蛾、椿象、木虱等；④疏第四批果；⑤树盘盖草防旱。
9	第一至三批果实膨大；秋梢转绿期	①秋梢转绿期喷1次叶面肥促进新梢老熟、果实膨大；②淋施1次腐熟花生麸液肥或商品水溶有机液肥5～10千克/株；③防治红蜘蛛、木虱、蚜虫等。
10	果实膨大期	①叶面追肥；②淋施1次腐熟花生麸液肥或商品水溶有机液肥5～10千克/株；③防治红蜘蛛；④防干旱。
11	果实膨大期	①盖膜前，每株淋施1次20%～30%腐熟麸液肥15～20千克+复合肥0.2～0.3千克，或沟施商品有机肥3～5千克+复合肥0.75～1.0千克；②喷药预防红蜘蛛、炭疽病等；③树冠盖膜；④预防高温灼伤树冠顶部果实及枝梢。
12	果实着色期	①淋施高钾型液肥1次；②防霜冻。

附录五
禁限用农药名录

禁止（停止）使用的农药（46种）

通用名
六六六、滴滴涕、毒杀芬、二溴氯丙烷、杀虫脒、二溴乙烷、除草醚、艾氏剂、狄氏剂、汞制剂、砷类、铅类、敌枯双、氟乙酰胺、甘氟、毒鼠强、氟乙酸钠、毒鼠硅、甲胺磷、对硫磷、甲基对硫磷、久效磷、磷胺、苯线磷、地虫硫磷、甲基硫环磷、磷化钙、磷化镁、磷化锌、硫线磷、蝇毒磷、治螟磷、特丁硫磷、氯磺隆、胺苯磺隆、甲磺隆、福美胂、福美甲胂、三氯杀螨醇、林丹、硫丹、溴甲烷、氟虫胺、杀扑磷、百草枯、2,4-滴丁酯

注：氟虫胺自2020年1月1日起禁止使用。百草枯可溶胶剂自2020年9月26日起禁止使用。2,4-滴丁酯自2023年1月29日起禁止使用。溴甲烷可用于"检疫熏蒸处理"。杀扑磷已无制剂登记。

在部分范围禁止使用的农药（20种）

通用名	禁止使用范围
甲拌磷、甲基异柳磷、克百威、水胺硫磷、氧乐果、灭多威、涕灭威、灭线磷	禁止在蔬菜、瓜果、茶叶、菌类、中草药材上使用，禁止用于防治卫生害虫，禁止用于水生植物的病虫害防治
甲拌磷、甲基异柳磷、克百威	禁止在甘蔗作物上使用
内吸磷、硫环磷、氯唑磷	禁止在蔬菜、瓜果、茶叶、中草药材上使用
乙酰甲胺磷、丁硫克百威、乐果	禁止在蔬菜、瓜果、茶叶、菌类和中草药材上使用
毒死蜱、三唑磷	禁止在蔬菜上使用

（续）

通用名	禁止使用范围
丁酰肼（比久）	禁止在花生上使用
氰戊菊酯	禁止在茶叶上使用
氟虫腈	禁止在所有农作物上使用（玉米等部分旱田种子包衣除外）
氟苯虫酰胺	禁止在水稻上使用

附录六
农药稀释方法

一、百分比浓度

百分比浓度（%）＝溶质÷溶液×100%。

如0.2%的尿素溶液，即在50千克水中加入0.1千克尿素。

二、倍数浓度

倍数浓度即1份农药加水的份数。

例如50%多菌灵500倍液，即1千克50%的多菌灵药粉加水500千克。

三、百万分之一浓度

即100万份药液中含有效成分的份数或每升药液中所含的药剂的毫升数或每千克药液中所含的药剂的毫克数。生产上常用于稀释植物生长调节剂。具体配制公式如下：

$$配药用水量 = \frac{药物用量 \times 药物含量}{配制浓度}$$

如：用5克75%的九二〇配制20毫克/千克的溶液，所需的用水量为：

$$配药用水量=\frac{5\times75\%}{20/1\,000\,000}=187\,500克=187.5千克$$

不同浓度植物生长调节剂稀释成不同浓度溶液所需用水量详见下表：

1克（或1毫升）植物生长调节剂配制成不同浓度溶液所需用水量

配制浓度（毫克/千克或毫克/升）	用水量（千克）				
	九二〇	2,4-滴		噻苯隆（TDZ）	
	75%	80%	90%	0.10%	0.50%
0.5				200	1 000
1				100	500
1.5				66.67	333.33
2				50.0	250.0
5	150.00	160.00	180.00		
10	75.00	80.00	90.00		
15	50.00	53.33	60.00		
20	37.50	40.00	45.00		
25	30.00	32.00	36.00		
30	25.00	26.67	30.00		
35	21.43	22.86	25.71		
40	18.75	20.00	22.50		
50	15.00	16.00	18.00		

主要参考文献

蔡明段,彭成绩,2008.柑橘病虫害原色图谱[M].广州:广东科学技术出版社.

陈贵峰,区善汉,李柳洪,等,2010.危害金柑的3种地下病虫害及其防治方法 [J].南方园艺,21(3): 27-28, 30.

高超跃,范新单,廖祥林,等,2004.不同药剂防治柑橘黑星病的药效试验[J].中国南方果树,33(2): 21.

廖奎富,区善汉,容利,等,2022.脆蜜金柑早结丰产栽培技术[J].南方园艺,33(4): 36-38.

廖奎富,区善汉,徐粹明,等,2014.阳朔金柑产业存在问题及对策[J].南方园艺,25(2): 30-31.

廖奎富,徐粹明,区善汉,等,2022.金柑大果优质栽培技术[J].南方园艺,33(3): 52-54.

陆少峰,廖奎富,区善汉,等,2015.不同植物生长调节剂对金橘果实生长及产量的影响[J].南方农业学报,46(3): 471-474.

梅正敏,麦适秋,肖远辉,等,2012.树冠盖膜留树贮藏金柑树盘土壤水分及果实品质的变化[J].中国南方果树,41(1): 11-13.

区善汉,廖奎富,陈贵峰,等,2010.阳朔金柑避雨避寒栽培技术[J].中国南方果树,39(4): 69-70.

区善汉,梅正敏,肖远辉,等,2018.图说柑橘避雨避寒高效栽培技术[M],北京:中国农业出版社.

区善汉,梅正敏,张社南,等,2020.图说柚类优质高效栽培技术[M].北京:中国农业出版社.

区善汉,肖远辉,廖奎富,等,2012.金柑避雨避寒栽培效果的研究[J].中国南方果树,41(5): 52-54.

邱柱石,邓广宙,麦适秋,2007.阳朔金柑上的一种新害虫——柑橘地粉蚧的初

步考察 [J]. 广西园艺, 18(6): 24-26.

全金成, 江一红, 陈贵峰, 2019. 图说柑橘病虫害及农药减施增效防控技术 [M]. 北京: 中国农业出版社.

叶荫民, 1983. 中国金柑种质资源 [J]. 作物品种资源(4): 2-5.

张社南, 贺申魁, 梅正敏, 等, 2023. 软枝香橙等砧木对金柑生长结果与果实品质的影响 [J]. 中国南方果树, 52(4): 54-59.

中国柑橘学会, 2008. 中国柑橘品种 [M]. 北京: 中国农业出版社.

图书在版编目（CIP）数据

图说金柑优质高效栽培技术 / 区善汉等编著.
北京：中国农业出版社，2024.8. -- (柑橘提质增效生
产丛书). -- ISBN 978-7-109-32349-0

Ⅰ. S666.1-64

中国国家版本馆CIP数据核字第2024Y7J066号

中国农业出版社出版

地址：北京市朝阳区麦子店街18号楼
邮编：100125
责任编辑：阎莎莎　张　利
版式设计：王　晨　　责任校对：吴丽婷　　责任印制：王　宏
印刷：北京中科印刷有限公司
版次：2024年8月第1版
印次：2024年8月北京第1次印刷
发行：新华书店北京发行所
开本：880mm×1230mm　1/32
印张：6
字数：167千字
定价：56.00元